C.H.BECK ■ **WISSEN**

Der Physik-Nobelpreis 2017 für die Entdeckung der Gravitationswellen ist ein später Triumph für Albert Einstein – und der Erfolg von mehr als tausend Forschern, denen gemeinsam dieser Nachweis gelang. Der Physiker Hartmut Grote vom deutsch-britischen Gravitationswellendetektor GEO600 war an der Jahrhundertentdeckung beteiligt und erzählt ihre Geschichte aus erster Hand. Gravitationswellen werden von allen beschleunigten Körpern produziert, bei der Explosion von Sternen oder beim Verschmelzen zweier schwarzer Löcher genauso wie beim Start eines Autos. Unfassbar winzig, stauchen und strecken sie den Raum. Nun können wir sie nutzen, um unabhängig von Licht das Universum zu erforschen. Ein neues Zeitalter der Astronomie hat begonnen.

Dr. *Hartmut Grote* ist Professor für Physik in Cardiff, Großbritannien. Von 2009 bis 2017 war er wissenschaftlicher Leiter am GEO600, dem deutsch-britischen Gravitationswellendetektor in der Nähe von Hannover; er gehört zu den führenden Gravitationswellenforschern in Europa und weltweit.

Hartmut Grote

GRAVITATIONSWELLEN

Geschichte einer Jahrhundertentdeckung

Verlag C.H.Beck

Mit 14 Abbildungen und 3 Tabellen

Originalausgabe
© Verlag C.H.Beck oHG, München 2018
Satz: C.H.Beck.Media.Solutions, Nördlingen
Druck und Bindung: Druckerei C.H.Beck, Nördlingen
Umschlaggestaltung: Uwe Göbel, München
Umschlagabbildung: Simulation des Gravitationswellen-Ereignisses
GW170104: Die Stärke der Gravitationswelle wird sowohl durch die
Höhe als auch durch die Farbe angezeigt. Blau bedeutet schwach,
gelb stark. © S. Ossokine, A. Buonanno, T. Dietrich (AEI),
R. Haas (NCSA), Simulating eXtreme Spacetimes Projekt
ISBN 978 3 406 71941 7
Printed in Germany

www.chbeck.de

Inhalt

Vorwort

Der Nachweis von Gravitationswellen am 14. September 2015 hat zum ersten Mal Ereignisse im Universum, das energiereiche Verschmelzen zweier schwarzer Löcher, «hörbar» gemacht und damit das wissenschaftliche Sensorium erheblich erweitert. Für ihren Beitrag zu dieser spektakulären Messung wurden 2017 Rainer Weiss, Kip Thorne und Barry Barish mit dem Nobelpreis für Physik ausgezeichnet. Die Vorgeschichte dieses für die Physik epochalen Ereignisses wird in diesem Buch in einer auch fachfremden Leserinnen und Lesern verständlichen Weise rekonstruiert.

Bei der Verfolgung dieser Geschichte zeigen sich zugleich einige Aspekte moderner naturwissenschaftlicher Forschung im Allgemeinen. Die Entdeckung der Gravitationswellen ist ein Beispiel dafür, wie Astronomie und Astrophysik heutzutage oft arbeiten, nämlich mit Hilfe großer Messapparaturen, aufwändiger Computersimulationen, ausgeklügelter statistischer Analysemethoden und nicht zuletzt in internationalen Forschungsverbünden (Kollaborationen). Die Forschung verläuft auch keineswegs kontinuierlich und geradlinig, sondern vielmehr in Schüben und oft auf Umwegen, wobei programmatische Weichenstellungen mitunter auf einzelne Entscheidungen technischer oder politischer Natur zurückgehen.

Kapitel 1 nimmt seinen Ausgang von der Gravitation nach Newton und beschreibt von dort den Weg zu Einstein und seiner Relativitätstheorie. Die Vorhersage von Wellen der Gravitation aus Einsteins Theorie war durchaus mühsam und es blieb für lange Zeit offen, ob diese Wellen jemals gemessen werden könnten. Das Kapitel schließt mit einer kurzen Übersicht über diejenigen astronomischen Objekte, die Gravitationswellen erzeugen können.

Kapitel 2 liefert einen historischen Abriss der ersten Versuche einer Messung von Gravitationswellen durch Joseph Weber in den 1960er Jahren. Webers Behauptung, er habe tatsächlich Gravitationswellen gemessen, gab Forschern auf der ganzen Welt den Anstoß zur Überprüfung seiner Ergebnisse – jedoch ohne Erfolg. Obwohl sich die Ansicht durchgesetzt hat, dass Weber sich geirrt haben müsse, wurden die von ihm entwickelten Detektoren über Jahrzehnte hinweg immer weiter verfeinert.

Kapitel 3 zeigt, wie sich ab den 1970er Jahren die Technik der Interferometer als vielversprechenderer Weg zur Messung von Gravitationswellen abzeichnete. Durch technische Verbesserungen des von Albert Michelson entwickelten Interferometers erhöhte sich die Empfindlichkeit dieser Instrumente enorm. Die wichtigsten Prototypen dieser Geräte entstanden in Deutschland, Großbritannien und den USA.

Kapitel 4 gibt einen kompakten Überblick über die Geschichte, Funktionsweise und die Besonderheiten der großen Interferometer rund um den Globus. Anlagen mit drei oder vier Kilometer langen hochsensiblen Messröhren entstanden in den 90er Jahren in den USA und Italien; kleinere Anlagen wurde in Deutschland (600 Meter) und Japan (300 Meter) gebaut. In Japan befindet sich gegenwärtig (2017) ein Interferometer mit drei Kilometer langen Armen im Bau.

Kapitel 5 geht der Frage nach, wie überhaupt in den von den Detektoren gelieferten Daten nach Anzeichen für Gravitationswellen gesucht werden kann. Je nach astronomischer Quelle (Neutronensterne oder schwarze Löcher) sind jeweils spezifische Wellenformen zu erwarten, die mit aufwändigen Computersimulationen berechnet werden müssen. Den vielen verschiedenen Mustern oder Signaturen der jeweiligen Wellen wird durch ein ausgetüfteltes Analyseverfahren (blinde Analyse) begegnet, bei dem alle Parameter vor der eigentlichen Analyse festlegt werden. Zusätzlich können sogenannte *blinde Injektionen* dafür sorgen, dass etwaige Messergebnisse nicht durch die Erwartungen oder Vorannahmen der beteiligten Wissenschaftler verfälscht werden.

Kapitel 6 beschreibt dann die historisch erste direkte Messung einer Gravitationswelle, die am 14. September 2015 auf die Erde traf und von zwei Detektoren in den USA registriert wurde. Dieses Ereignis löste fieberhafte Aktivitäten innerhalb der wissenschaftlichen Kollaboration aus, die über fünf Monate anhielten, und von der Frage, ob es sich womöglich um einen Fehler oder einen Streich handele, bis zum Ringen um den endgültigen Titel der darüber erstellten Fachpublikation reichte. Bis zum Mai 2017 sind mehrere astronomische Objekte registriert worden, die jeweils in einem furiosen Akt der Verschmelzung für kurze Zeit mehr Energie freigesetzt haben als alle Sterne im gesamten Universum zusammengenommen. Ein neues Feld der Physik, die Gravitationswellen-Astronomie, ist geboren!

Kapitel 7 zeigt Fragen der Gravitationswellen-Astronomie auf und gibt einen Überblick über Probleme und Lösungswege bei dem Ziel, die Detektoren empfindlicher zu machen. Neben Verbesserungen existierender Anlagen müssen neue Detektoren gebaut werden, wenn man das Feld tiefer erforschen möchte. Außer den erdgebundenen Detektoren befindet sich auch ein Weltraum-Interferometer in der Entwicklung, das ab den 2030er Jahren einen neuen Bereich langperiodiger Gravitationswellen erschließen wird. Eine weitere Methode (das Pulsar-Timing) kann dazu benutzt werden, noch langsamere Gravitationswellen zu beobachten.

I. Es gibt sie, es gibt sie nicht, es gibt sie

Gravitation: Von Newton zu Einstein

Gravitation gilt als die schwächste unter den physikalischen Kräften, dennoch würde mir ein Sprung vom Hochhaus nicht gut bekommen. Beim Aufschlag auf den Boden wären es zwar elektromagnetische Kräfte, die mein weiteres Fallen durch den Asphalt verhindern würden, denn die Atome meines Körpers können diesen nicht so leicht durchdringen. Die Energie jedoch, die meinen Körper verformen würde, entspränge der Gravitationskraft.

Außer der Gravitation und den elektromagnetischen Kräften kennt die Physik noch die starke und schwache Kernkraft, die die Stabilität und den Zerfall der Atomkerne bestimmen, dabei aber lediglich innerhalb winziger Abstände zu diesen Kernen wirken. Zwar haben elektromagnetische Kräfte eine größere Reichweite als die starke und schwache Kraft, doch heben sie sich durch die Verteilung positiver und negativer Ladungen im Atom nach außen hin sehr schnell auf. Bei größeren Abständen dominiert die Gravitation, die eine Anziehungskraft zwischen allen uns bekannten Arten von Materie und Energie bewirkt. Im Weltraum ist sie die beherrschende Kraft, die gleichermaßen die Bewegung von Planeten, den Lebenszyklus von Sternen und die Entwicklung des gesamten Universums bestimmt.

Isaac Newton ermöglichte im späten 17. Jahrhundert mit der Formulierung seiner Bewegungsgesetze eine bis dahin nicht gekannte Präzision bei der Berechnung der Planetenbahnen, nachdem er erkannt hatte, wie sich Massen unter der Einwirkung von Kraft bewegen. Zusätzlich zu diesen Bewegungsgesetzen formulierte Newton auch ein Gesetz der Gravitation, das eine anziehende Kraft zwischen Massen beschreibt. Nach diesem Gesetz ziehen sich zwei Massen mit einer Kraft an, die proportional zur Größe der beiden Massen und umgekehrt proportional zum Quadrat ihres Abstands ist. Diese Gravitationskraft nach Newton wirkt sofort und ohne Verzögerung, also instantan: Wenn ich auf einer Tastatur tippe oder ein Glas hebe, wird dies sofort dem ganzen Universum mitgeteilt, weil dabei Massen ihre Position verändern und sich dadurch auch Richtung und Stärke der von ihnen ausgehenden Gravitationskraft ändern.

Nehmen wir Newtons Gravitationsgesetz und seine Bewegungsgesetze zusammen, dann haben wir folgende Kette von Ursache und Wirkung: Massen, wie beispielsweise unsere Sonne und die Planeten, üben instantan anziehende Kräfte aufeinander aus, die wiederum die Art und Weise bestimmen, in der sich diese Massen im Raum bewegen.

Durch die präzisen Vorhersagen von Planetenkonstellationen, die immer wieder durch Beobachtungen bestätigt wurden, galt Newtons Theorie im Laufe des 18. Jahrhunderts als Triumph und Gipfel des menschlichen Geistes. Im frühen 19. Jahrhundert hatte man jedoch eine Abweichung des Uranus, des nächsten Planeten jenseits des Saturns, von seiner berechneten Bahn beobachtet. Wenn Newtons Theorie richtig war, so gab es nur eine gute Erklärung für diese Abweichung: Es musste einen weiteren, bisher unbekannten, Planeten geben, dessen Einfluss auf die Bahn des Uranus die Abweichung erklären konnte. Der französische Mathematiker und Astronom Urbain Jean Joseph Le Verrier und der Engländer John Couch Adams berechneten die Position des unbekannten Planeten unabhängig voneinander. Le Verrier bat Johann Gottfried Galle, Observator an der Berliner Sternwarte, um eine Suche in dem von ihm berechneten Himmelsausschnitt. Schon kurze Zeit später hatte Galle mit seinen Mitarbeitern den Planeten entdeckt und schrieb an Le Verrier: *Monsieur, der Planet, dessen Position Sie errechnet haben, existiert tatsächlich.* Ein neuer Planet war gefunden, für den Le Verrier später den Namen Neptun vorschlug.

Dass ein Planet erstmals durch eine mathematische Vorhersage entdeckt wurde, war abermals eine grandiose Bestätigung von Newtons Gravitationstheorie. Es gab aber noch ein weiteres Problem: Der innerste Planet im Sonnensystem, Merkur, wies ebenfalls eine Abweichung von der nach Newton berechneten Bahn auf. Nach jeder Umkreisung der Sonne wandert das Perihel, der sonnennächste Punkt der Bahn des Merkurs, etwas weiter im Raum. In hundert Jahren summiert sich diese Verschiebung zu 574 Bogensekunden. Der größte Teil davon konnte durch den Einfluss der anderen Planeten mit der Newton'schen Theorie erklärt werden, doch blieb ein unerklärter Rest von etwa 8 Prozent (45 Bogensekunden). Nach seiner triumphalen Vorhersage der Existenz des Neptuns war Le Verrier nun überzeugt, er könne auch diese Anomalie der Merkurbahn durch einen noch unbekannten Planeten erklären: Ein Planet namens Vulcan sollte sie verursachen. Es blieb allerdings ein großes Rätsel, weshalb ein Planet, der so nahe an der Sonne seine Bahn ziehen musste, bisher nicht beobachtet worden war.

Erst Albert Einstein sollte dieses Rätsel mehr als fünfzig Jahre später lösen. Im Jahr 1905 hatte Einstein eine neue Theorie von Raum und Zeit vorgestellt, die aus zwei Annahmen folgt: (1) Licht breitet sich stets mit der gleichen Geschwindigkeit aus, unabhängig von der Geschwindigkeit der Lichtquelle oder des Beobachters. (2) Die physikalischen Gesetze und Messungen in gleichförmig bewegten Bezugssystemen (Inertialsysteme) sind immer gleich – das bereits von Galileo formulierte Relativitätsprinzip.

Aus diesen Annahmen resultiert die Spezielle Relativitätstheorie, aus der eine enge Verzahnung von Raum und Zeit folgt, die durch den Begriff der Raumzeit ausgedrückt wird. Eine Folge dieser Theorie lautete, dass nichts, einschließlich Information, sich schneller als mit Lichtgeschwindigkeit bewegen könne. Neben anderen Erwägungen führte diese radikale Idee Einstein zu der Schlussfolgerung, dass nicht nur das Verständnis von Raum und Zeit, sondern auch Newtons Gravitationsgesetz einer Revision bedürfe, denn nach Newton breitete sich die Gravitationskraft ja instantan, quasi mit unendlicher Geschwindigkeit aus. Bis dato hatte die instantane Ausbreitung den meisten Physikern kein Problem bereitet. Im Licht der Speziellen Relativitätstheorie war sie jedoch nicht mehr denkbar, und so machte sich Einstein an die Arbeit, eine neue, mit der Speziellen Relativitätstheorie zu vereinbarende Theorie der Gravitation zu entwickeln. Die Spezielle Relativitätstheorie heißt deshalb *speziell*, weil sie den Fall des Raums ohne Materie in Inertialsystemen behandelt. Die neue Theorie der Gravitation sollte dagegen den Namen *Allgemeine Relativitätstheorie* erhalten, weil sie auch Materie und die ihr entspringende Gravitation beschreibt.

Einsteins zentraler Gedanke bei der Abfassung der neuen Gravitationstheorie war die Nichtunterscheidbarkeit von Beschleunigung und Gravitationsanziehung: In einer Rakete ohne Fenster hat ein Astronaut keine Möglichkeit festzustellen, ob er mit der Rakete auf der Erde steht und auf den Start wartet, oder ob er im interstellaren Raum in einer sich beschleunigenden Rakete sitzt. Sein Körper würde in beiden Fällen mit der gleichen Kraft in den Sitz gepresst. Zugegeben, ein etwas skurriles Beispiel, denn ein Astronaut sollte stets wissen, wo er sich befindet, aber typisch für Gedankenexperimente, wie Einstein sie häufig benutzte. Diese Nichtunterscheidbarkeit von Beschleunigung und Gravitationsanziehung wird auch als (starkes) Äquivalenzprinzip bezeichnet, und Einstein nannte diese Idee *den glücklichsten Gedanken meines Lebens*.

Nach mehreren Jahren mühsamer Arbeit führten Einsteins Gedankenexperimente schließlich zu der neuen Theorie der Gravitation, der Allgemeinen Relativitätstheorie, die 1915 veröffentlicht wurde. Die zentrale neue Idee darin ist, dass der Raum selbst als verformbar betrachtet werden muss, während man ihn zuvor als unveränderlich und flach betrachtet hatte. Genauer gesagt, ist nicht nur der Raum verformbar, sondern die Raumzeit, also jene Einheit von Raum und Zeit, die schon durch die Spezielle Relativitätstheorie eingeführt wurde. Eine mögliche Krümmung der Zeit klingt sprachlich erst einmal ungewohnt. Gemeint ist damit eine Dehnung von Zeit, dass also zum Beispiel Uhren im gekrümmten Raum langsamer gehen. Wir sprechen im Folgenden einfach von der Krümmung des Raums, wenn wir die Rolle der Zeit außer Acht lassen, aber erinnern uns daran, dass im gekrümmten Raum stets auch die Zeit gedehnt wird. Was verursacht die Krümmung des Raums? Die Ursache ist in jedem Fall eine Masse oder Energie. Die Sonne krümmt den sie umgebenden Raum ebenso wie ein Apfel, wobei die von der Sonne hervorgerufene Krümmung entsprechend ihrer Masse größer als diejenige des Apfels ist.

In dem von einer Masse gekrümmten Raum bewegen sich andere Massen auf kürzesten Bahnen. So bewegt sich beispielsweise die Erde auf einer kürzesten Bahn in dem von der Sonne gekrümmten Raum. Als Resultat beobachten wir, dass die Erde um die Sonne kreist. Der Unterschied zu Newtons Theorie liegt darin, dass der Raum sozusagen als Vermittler und Träger der Information zwischen den Massen dient, eine Rolle, die ihm in Newtons Theorie nicht zukommt.

In der Allgemeinen Relativitätstheorie haben wir also folgende Kette von Ursache und Wirkung: Massen krümmen den Raum, und der gekrümmte Raum bestimmt die Art und Weise, in der Massen sich bewegen. Oder in den Worten des Physikers John Archibald Wheeler: *Matter tells space-time how to curve and space-time tells matter how to move.* Gravitation ist hier also in der Geometrie des Raums selbst enthalten. Diese Struktur schlägt sich auch in den sogenannten Einstein'schen Feldgleichungen nieder, die besagen, dass Masse (oder Energie) und Raumkrümmung in direktem Bezug zueinander stehen.

Als ersten Prüfstein für seine neue Theorie berechnet Einstein (in einer früheren Version der Theorie gemeinsam mit seinem Freund Michele Besso) die Wirkung des von der Sonne gekrümmten Raums auf die Perihelverschiebung der Bahn des Merkurs. In seiner Veröffentlichung vom 25. November 1915 schreibt er: *Die Rechnung liefert für den Planeten Merkur ein Voranschreiten um 43″ (Bogensekunden) in hundert Jahren, während die Astronomen 45 (±5)″ als unerklärten Rest zwischen Beobachtungen und Newtonscher Theorie angeben. Dies bedeutet volle Übereinstimmung.* Einsteins neue Theorie ergibt also denjenigen Wert, der von den Astronomen tatsächlich beobachtet worden war, für den es bisher aber keine Erklärung gegeben hatte. Kurz darauf bemerkt Einstein in einem Brief an Arno Sommerfeld vom 9. Dezember 1915: *Das Resultat von der Perihelbewegung des Merkur erfüllt mich mit großer Befriedigung. Wie kommt uns da die pedantische Genauigkeit der Astronomie zu Hilfe, über die ich mich im Stillen früher oft lustig machte!*

Durch die Lösung eines mehr als fünfzig Jahre alten Rätsels der Astronomie wird Einstein weiter bekannt und seine Fachkollegen sehen sich gezwungen, die neue Theorie nun ernsthaft in Betracht zu ziehen.

In derselben Arbeit vom 25. November bringt Einstein noch eine Korrektur einer früheren Vorhersage zur Lichtablenkung durch Massen an. Durch die Äquivalenz von Masse und Energie, eine Folge der Speziellen Relativitätstheorie, lässt sich Licht eine Masse zuordnen. Führt ein Lichtstrahl an einer anderen Masse, zum Beispiel einem Stern, vorbei, wird der Strahl leicht abgelenkt. Diese Vorhersage kann man schon mit der Speziellen Relativitätstheorie machen, unter Benutzung der Anziehung zwischen Massen nach Newtons Gravitationsgesetz. In der Allgemeinen Relativitätstheorie fällt die Lichtablenkung jedoch doppelt so groß aus, worauf Einstein in seiner Arbeit hinweist. In zwei berühmten Expeditionen zur Beobachtung der totalen Sonnenfinsternis von 1919 misst der Brite Sir Arthur Stanley Eddington die Lichtablenkung von Sternenlicht an der Sonne. Die Messungenauigkeit ist zwar nicht unerheblich, aber der gemessene Wert liegt näher an dem von der Allgemeinen Relativitätstheorie vorhergesagten. Für Lichtstrahlen, die direkt am Sonnenrand vorbeigehen, beträgt die Ablenkung 1,74 Bogensekunden. Das ist etwa ein Tausendstel des Winkels, unter dem uns der Sonnendurchmesser erscheint. Die Bestätigung der Vorhersage dieser Lichtablenkung macht Einstein mit einem Schlag auch außerhalb der Fachwelt berühmt, er wird gewissermaßen zur Wissenschafts-Pop-Ikone.

Eine dritte frühe Vorhersage der Allgemeinen Relativitätstheorie betrifft den Einfluss von Masse auf das Vergehen der Zeit: Wie schon erwähnt, vergeht Zeit im gekrümmten Raum in der Nähe einer Masse, also zum Beispiel an der Oberfläche eines Sterns, langsamer. Hier haben wir wieder die enge Verzahnung von Raum und Zeit. Da Licht eine bestimmte Schwingungsfrequenz aufweist, kann man das Aussenden von Licht mit einer Uhr vergleichen, die mit einer bestimmten Frequenz tickt. Im gekrümmten Raum an der Oberfläche des Sterns tickt sozusagen ein Atom, das Licht aussendet, etwas langsamer als im ungekrümmten Raum. Diese etwas geringere Schwingungsfrequenz führt zu einer etwas größeren Wellenlänge des ausgesendeten Lichts und wird deshalb als Rotverschiebung bezeichnet, denn rotes Licht hat eine größere Wellenlänge als blaues. Der Effekt dieser Gravitations-Rotverschiebung ist zwar gering, er war aber in den 1920er Jahren bereits indirekt messbar. Für unsere Sonne beträgt die Wellenlängenänderung etwa zwei Millionstel.

Drei Konsequenzen aus der Allgemeinen Relativitätstheorie konnten also sofort oder innerhalb weniger Jahre nach ihrer Veröffentlichung im Jahr 1915 bestätigt werden: die Anomalie der Perihelverschiebung des Merkurs, der Betrag der Lichtablenkung durch die Sonne und die Gravitations-Rotverschiebung.

Die Bestätigung zweier weiterer Konsequenzen dauerte erheblich länger: schwarze Löcher und Gravitationswellen. Beide haben nicht zwangsläufig etwas miteinander zu tun, aber zwei schwarze Löcher, die vor 1,4 Milliarden Jahren miteinander verschmolzen sind, werden uns in Kapitel 6 wieder begegnen.

Schon im Jahr 1915 findet der deutsche Astronom und Physiker Karl Schwarzschild eine Lösung von Einsteins Gleichungen, die eine Singularität der Raumzeit beschreibt. Dies war ein erster Hinweis auf etwas, für das später der Ausdruck *schwarzes Loch* geprägt wurde. Damit wird, salopp gesagt, ein Bereich sehr stark gekrümmten Raums bezeichnet, der sich durch eine extrem dichte Ansammlung von Masse auszeichnet. Die Masse ist derart auf einen kleinen Bereich konzentriert, dass die oben erwähnte Gravitations-Rotverschiebung im Grunde unendlich groß ist: Uhren ticken dort quasi unendlich langsam, und kein Licht vermag diesem Bereich zu entkommen. Durch diese Eigenschaft wurde schließlich auch der Terminus *schwarzes Loch* inspiriert, der von dem Physiker John Archibald Wheeler vorgeschlagen wurde, der aber auch vorher schon in der wissenschaftlichen Gemeinschaft gelegentlich aufgetaucht war.

Die Hinweise darauf, dass schwarze Löcher in der Natur tatsächlich vorkommen und dass sie sogar wesentlich zur Dynamik und Entwicklung des Universums beitragen, haben sich im Laufe der vergangenen Jahrzehnte immer mehr verdichtet. Besonders eindrucksvoll ist die Beobachtung, dass im Zentrum unserer Galaxie, der Milchstraße, einige Sterne auf sehr engen Bahnen sehr dicht um ein unsichtbares Zentrum kreisen. Die einzige derzeit wissenschaftlich plausible Erklärung dafür ist die Existenz eines schwarzen Lochs im Zentrum der Milchstraße mit einer Masse, die derjenigen von etwa vier Millionen Sonnen entspricht.

Die Vorhersage der Gravitationswellen aus der Allgemeinen Relativitätstheorie

Da sich in der Newton'schen Theorie die Gravitationskraft instantan auswirkt, kann es nach dieser Theorie auch keine Wellen der Gravitation geben, denn eine Welle bedingt die Ausbreitung einer Anregung oder Störung in Raum und Zeit. Im späten 18. Jahrhundert hatte der Mathematiker und Physiker Pierre Simon de Laplace schon einmal den Gedanken verfolgt, was geschähe, wenn die Ausbreitung der Gravitationskraft mit endlicher Geschwindigkeit, also nicht instantan, erfolgte. Diese Überlegungen standen im Zusammenhang mit dem damals akuten Problem, die Bahn des Erdmondes möglichst exakt mit der Newton'schen Theorie zu beschreiben. Obwohl Newtons Theorie bei der Berechnung der Planetenbahnen so erfolgreich war, blieb es doch sehr schwer, sie ebenso erfolgreich auf die Bahn des Erdmondes anzuwenden, da diese vielen zusätzlichen Einflüssen unterliegt. Laplace befand aber anhand seiner Untersuchungen, dass die Newton'sche Theorie ausreichend sei. Die Geschwindigkeit der Ausbreitung der Gravitationskraft musste mindestens das Hundertmillionenfache der Lichtgeschwindigkeit betragen. Ein Wert, der zumindest in einem physikalischen Kontext sehr nahe bei unendlicher Geschwindigkeit liegt. Dieses Ergebnis legte Spekulationen über eine endliche Ausbreitungsgeschwindigkeit für lange Zeit lahm, und die instantane Ausbreitung der Gravitationskraft wurde einstweilen weitgehend akzeptiert.

Der Gedanke an Gravitationswellen tauchte später wieder bei Henri Poincaré um das Jahr 1905 auf, nachdem die Spezielle Relativitätstheorie, wie zuvor erwähnt, eine obere Grenze der

Ausbreitung jeglicher Information mit Lichtgeschwindigkeit forderte. Wenn sich auch die Gravitationskraft, so Poincarés Gedanke, mit endlicher Geschwindigkeit ausbreiten würde, dann wären Wellen der Gravitation möglich. Poincaré wandte diese Idee auf das Problem der Anomalie in der Perihelverschiebung des Merkurs an, kam aber zu dem Ergebnis, dass die Abstrahlung von Gravitationswellen durch Merkur keine ausreichende Erklärung für die Anomalie der Merkur-Bahn sein konnte. Wie oben gesehen, konnte erst Einstein die Verschiebung mit der Krümmung des Raums erklären.

Mit der Allgemeinen Relativitätstheorie von 1915 wird die Idee der Gravitationswellen dann konkreter. Zunächst dauert es noch bis ins Jahr 1916, bis Einstein die Gravitationswellen als mögliche Lösung der Gleichungen der Allgemeinen Relativität erkennt. Der Grund dafür liegt in der Komplexität der Gleichungen, die aus zehn nichtlinearen Teilgleichungen bestehen. Generell ist es eine Aufgabe der theoretischen Physik, mögliche Lösungen für diese Gleichungen zu finden, was eine gewisse Analogie mit dem Lösen von Rätseln hat. Es gibt viele mögliche Lösungen, aber sie haben nicht unbedingt alle eine sinnvolle physikalische Bedeutung. Dieses Problem gab es auch in Bezug auf die Gravitationswellen. Um die Komplexität der Gleichungen beherrschen zu können, wandten Einstein und seine Kollegen Näherungsverfahren an. Außerdem muss man sich bei der Berechnung von Lösungen für ein Koordinatensystem entscheiden, in dem das Problem beschrieben wird. Im Prinzip sollten alle Koordinatensysteme gleiche Ergebnisse liefern, allerdings sind verschiedene Koordinatensysteme für gewisse Fragestellungen besser geeignet als andere. Die Wahl des Koordinatensystems in Kombination mit den Näherungsverfahren führte zunächst zu Fehlern bei der Interpretation der Ergebnisse. Das ist der Grund, weshalb Einstein 1915 zunächst nicht an die Existenz von Gravitationswellen glaubte, seine Meinung Mitte des Jahres 1916 dann aber änderte. Zum einen hatte de Sitter ihn darauf hingewiesen, dass ein anderes Koordinatensystem zur Untersuchung der Existenz von Gravitationswellen besser geeignet war. Zum anderen führte er eine Linearisierung der ansonsten nichtlinearen Gleichungen ein, wodurch sich eine Analogie mit den Gleichungen der elektromagnetischen Wellen ergab.

Nachdem Einstein mit verschiedenen Koordinatensystemen experimentiert hatte, die entweder drei verschiedene Formen von Gravitationswellen oder nur eine einzige vorhersagten, kam er zu dem Schluss, dass es wohl diese eine Form der Wellen geben müsse, wohingegen die beiden anderen Artefakte der Wahl der Koordinaten seien. Einstein war allerdings der Ansicht, dass man die Wellen, falls sie denn existierten, wohl niemals würde messen können. Am Ende seiner Berechnung der Stärke Lambda (Λ) von Gravitationswellen schreibt Einstein in seiner Arbeit von 1916: ... *so sieht man, dass* Λ *in allen nur denkbaren Fällen einen praktisch verschwindenden Wert haben muss.* Zu jener Zeit war das eine sinnvolle Schlussfolgerung, denn die Existenz kompakter schwerer Himmelsobjekte (z. B. schwarzer Löcher) war noch nicht bekannt, genauso wenig wie viele der Technologien, die erst hundert Jahre später die erste Messung von Gravitationswellen ermöglichen sollten.

Aber allein schon die Anerkennung der Existenz von Gravitationswellen war eine schwere Geburt und, wie sich später herausstellen sollte, hatte Einstein in seiner Arbeit von 1916 einen Fehler gemacht, der durch eine falsche Näherung zustande gekommen war. Er brauchte zwei Jahre, um diesen Fehler zu korrigieren, bei dem es um die Frage ging, wie viel Energie in einer Gravitationswelle enthalten ist. Der finnische Physiker Gunnar Nordström hatte als Erster die Ungereimtheit in Einsteins Gravitationswellenergebnis von 1916 erkannt und sie ihm im Herbst 1917 mitgeteilt. Anfang 1918 veröffentlichte Einstein dann einen Aufsatz, in dem er seinen Fehler von 1916 korrigierte und zudem eine neue Formel zur Abstrahlung von Gravitationswellen einführte.

Die Formel besagt, dass Gravitationswellen von beschleunigter Masse ausgesendet werden, also von Masse, die ihre Geschwindigkeit oder die Richtung der Geschwindigkeit im Raum verändert. Allerdings gibt es eine Einschränkung der Art, dass nicht alle beschleunigten Masseverteilungen Gravitationswellen aussenden. Eine völlig kugelsymmetrische Explosion eines Sterns sendet, zum Beispiel, keine solchen Wellen aus. Man kann das auch so beschreiben, dass sich alle Teilwellen in diesem Fall gegenseitig aufheben. Einsteins Formel der Abstrahlung von Wellen verlangt eine Asymmetrie, zum Beispiel die Drehbewegung zweier Massen umeinander.

Der nächste Physiker, der sich an prominenter Stelle mit Gravitationswellen beschäftigte, war der schon erwähnte Sir Arthur Stanley Eddington. Eine nach Eddingtons Ansicht bisher ungeklärte Frage war, mit welcher Geschwindigkeit sich Gravitationswellen ausbreiten. Einstein hatte in Analogie zur elektromagnetischen Theorie die Lichtgeschwindigkeit als Ausbreitungsgeschwindigkeit angenommen. Eddington hingegen war zunächst nicht von der Anwendbarkeit dieser Analogie überzeugt und trat als ein profunder Skeptiker der noch jungen Gravitationswellen auf. Sein berühmter Satz, dass sich Gravitationswellen *mit der Geschwindigkeit der Gedanken* ausbreiteten, wird häufig als Indiz für seine Zweifel an der Existenz der Wellen zitiert. Tatsächlich aber zielte Eddington damit nur auf jene Wellen, die man aus den Einstein'schen Gleichungen als mathematische Artefakte bei der Anwendung bestimmter Koordinatensysteme erhält. In einem Aufsatz von 1922 leitet er die Formel zur Abstrahlung von Gravitationswellen erneut ab und korrigiert dabei einen weiteren kleinen Fehler in Einsteins Aufsatz von 1918, nämlich den Unterschied von einem Faktor zwei in der Formel zur Abstrahlung von Gravitationswellen.

Eddington konnte sich bei seinen Untersuchungen jedoch davon überzeugen, dass sich Gravitationswellen wohl tatsächlich mit Lichtgeschwindigkeit ausbreiten. Als Nächstes wandte er sich der Frage zu, welchen Einfluss die Abstrahlung der Wellen auf die Quelle haben würde. Die Formel zur Abstrahlung von Gravitationswellen besagt, dass zwei Massen, die einander umkreisen, eine effektive Quelle für Gravitationswellen sind. Dies hat zur Folge, dass zum Beispiel zwei sich umkreisende Sterne durch die Abstrahlung von Gravitationswellen Energie verlieren. Dieser Verlust von Energie führt dazu, dass die Sterne sich aneinander annähern und in der Folge schneller umkreisen. Der

Zyklus endet erst, wenn sie sich so weit angenähert haben, dass sie praktisch ineinanderstürzen und zu einem einzigen Stern oder Objekt verschmelzen. Mit diesem Szenario hatten in der damaligen Zeit viele Physiker und Astronomen ihre Schwierigkeiten, denn das sogenannte Zweikörperproblem, zum Beispiel das Sich-Umkreisen zweier Himmelsobjekte als Binärsystem, galt als stabil und war ein solides Fundament der Himmelsmechanik. Zwei Objekte, die sich umkreisen, sollten dies für alle Zeiten tun, und die Vorstellung, sie könnten ineinanderstürzen, bedeutete eben eine fundamentale Instabilität dieser Konstellation. Die Kontroverse um das Zweikörperproblem sollte noch einige Zeit anhalten, bis sich die Überzeugung durchsetzte, dass Binärsysteme tatsächlich Energie durch die Abstrahlung von Gravitationswellen verlieren und somit instabil sind. Allerdings ist der Energieverlust so gering, dass er nur bei sehr kompakten Objekten eine signifikante Rolle spielt, zum Beispiel bei schwarzen Löchern, die sich in einem geringen Abstand umkreisen.

Im Jahr 1936 gab es ein kurioses Intermezzo in Form einer Arbeit, die Einstein zur Veröffentlichung bei der renommierten Zeitschrift *Physical Review* eingereicht hatte. Diese Arbeit trägt den Titel «Do gravitational waves exist?» In einem Brief an Max Born schreibt Einstein: *Ich habe zusammen mit einem jungen Mitarbeiter (Rosen) das interessante Ergebnis gefunden, daß es keine Gravitationswellen gibt, trotzdem man dies gemäß der ersten Approximation für sicher hielt.* Die Veröffentlichung der Arbeit wird vom Herausgeber des *Physical Review* jedoch abgelehnt, da ein anonymer Gutachter den Schluss für falsch hält. Einstein, der den anonymen Begutachtungsprozess von deutschen Journalen nicht gewohnt ist, schreibt einen wütenden Brief an den *Physical Review* und zieht seine Arbeit zurück. Einige Monate später erkennt Einstein seinen Fehler und veröffentlicht die Arbeit unter anderem Titel in einer anderen Zeitschrift. Einstein hält es jetzt wieder für wahrscheinlich, dass es Gravitationswellen wirklich geben könnte: Sie seien Krümmungen der Raumzeit, die sich mit Lichtgeschwindigkeit fortpflanzten. Sie würden von beschleunigten Massen erzeugt und auf ihrer

Reise durch das Universum dehnten und stauchten sie den sie umgebenden Raum.

Astronomische Verursacher von Gravitationswellen

Im Prinzip erzeugen schon sich bewegende Gegenstände unserer Alltagswelt Gravitationswellen. Diese sind aber viel schwächer als Wellen, die von massiveren Objekten im Weltraum erzeugt werden können. Aus diesem Grund ist die Gravitationswellenforschung auf astronomische Objekte angewiesen und findet hier ein Feld der Anwendung. Einstein hatte mit seiner Formel zur Abstrahlung von Gravitationswellen erkannt, dass die Stärke der Wellen von den beteiligten Massen, aber in noch größerem Maß von deren Geschwindigkeitsänderung (des Betrags oder der Richtung) abhängt. Selbst zwei gewöhnliche Sonnen, die sich sehr eng umkreisen, strahlen nur sehr schwache Gravitationswellen ab, da ihre Geschwindigkeitsänderung gering ist. Es war früh klar, dass man zur Beobachtung von Gravitationswellen astronomische Objekte braucht, die so schwer wie gewöhnliche Sonnen, aber viel kleiner und kompakter als diese sind. Solche kompakten Objekte können sich auf engen Bahnen sehr viel schneller umkreisen, sodass sie auch viel stärkere Gravitationswellen erzeugen.

Als kompakte astronomische Objekte kommen hier Neutronensterne und schwarze Löcher ins Spiel. Ein Neutronenstern ist der kompakte Überrest eines Sterns, der seine aktive Phase als Sonne in einer großen Explosion beendet hat. Diese Explosion, die mit dem Kollaps des Sterns zu einem kompakten Objekt einhergeht, wird Supernova genannt. Wenn die ursprüngliche Sonne vor ihrem Kollaps eine bestimmte Masse hat (nicht zu schwer, aber auch nicht zu leicht), bildet sich durch die Supernova ein Neutronenstern, der seinem Namen nach im Wesentlichen aus Atomkernmaterie in Form von Neutronen besteht. Ein Neutronenstern hat, bei etwa gleicher Masse, einen etwa hunderttausendmal kleineren Durchmesser als unsere Sonne. Neutronensterne sind extreme Formen uns bekannter Materie. Ein Neutronenstern, der zu schwer ist, kann sich letzt-

lich nicht davor schützen, zu einem schwarzen Loch zu kollabieren. Überschreitet die Masse des ursprünglichen Sterns nämlich eine gewisse Grenze, dann bildet sich bei einer Supernova
statt eines Neutronensterns ein schwarzes Loch. Da sich etwa
die Hälfte aller Sterne in Binärsystemen befindet, also Partner-
sterne haben, um die sie kreisen, gehen daraus auch viele kompakte Binärsysteme hervor, also Systeme aus zwei schwarzen
Löchern oder Neutronensternen. Eine weitere Möglichkeit der
Bildung kompakter Binärsysteme besteht darin, dass sich zwei
schwarze Löcher sozusagen im Weltraum begegnen und nach
der Interaktion mit einem dritten Objekt, das danach die Sze-
nerie wieder verlässt, zu einem Binärsystem werden.

Bisher gehen Physiker und Astronomen von vier mehr oder
weniger bekannten Quellen für Gravitationswellen aus, die für
den Frequenzbereich der erdgebundenen Gravitationswellendetektoren relevant sind: kompakte Binärsysteme, Supernovae,
rotierende Neutronensterne sowie Hintergrundrauschen.

Soweit derzeit bekannt, können kompakte Binärsysteme aus
zwei Neutronensternen bestehen, aus einem Neutronenstern
und einem schwarzen Loch oder schließlich aus zwei schwarzen
Löchern. Wie zuvor erwähnt, verlieren die Binärsysteme durch
die Abstrahlung von Gravitationswellen Energie, was zu einer
Verringerung des Abstands und einem schnelleren Umkreisen
der Objekte führt (ein Umstand, der auch als *Orbit-Paradoxon*
bezeichnet wird und durch die Berücksichtigung der potenziel-
len Energie zwischen den Objekten erklärbar ist). Das sukzessiv
schnellere Umkreisen der Objekte führt zu Gravitationswellen
ansteigender Frequenz und Stärke, die typisch für diese Art von
Quelle sind, bis die beiden Objekte schließlich zu einem einzigen verschmelzen.

Supernovae erzeugen Gravitationswellen für den kurzen Mo-
ment der Explosion des Sterns, sofern es eine Asymmetrie in der
Verteilung der Massen bei der Explosion gibt. Wie groß diese
Asymmetrie und eine daraus resultierende Gravitationswelle ist,
ist nicht genau bekannt und Gegenstand aktiver Forschung, die
hauptsächlich mit Computersimulationen durchgeführt wird.

Ähnlich wie Supernovae sind auch Neutronensterne, die um

ihre eigene Achse rotieren, eine Quelle für Gravitationswellen, sofern sie eine Asymmetrie in ihrer Massenverteilung aufweisen. Salopp gesagt, ist das der Fall, wenn sie einen Buckel haben, wobei man physikalisch eher von einer sehr kleinen Abweichung der Gestalt von perfekter Rotationssymmetrie in Form eines Ellipsoids ausgehen würde. Im Gegensatz zu den kurzen Impulsen, die von einer Supernova erwartet werden, findet die Erzeugung von Gravitationswellen durch solche Neutronensterne kontinuierlich statt, nämlich solange sie um ihre eigene Achse rotieren. Durch die Beobachtung von Radiopulsaren ist bekannt, dass manche Neutronensterne bis zu einigen Hundert Mal pro Sekunde um ihre eigene Achse kreisen.

Schließlich kann man Gravitationswellen auch in Form eines Rauschens erwarten, das sich nicht eindeutig einzelnen Quellen zuordnen lässt. Dieses Rauschen kann verschiedene Ursachen haben, so zum Beispiel die unaufgelöste Überlagerung einzelner Gravitationswellen vieler verschiedener Quellen. Es kann aber auch von Gravitationswellen hervorgerufen werden, die unmittelbar nach dem Urknall erzeugt wurden.

Die hier aufgeführten astronomischen Objekte und Ereignisse sind die wichtigsten derzeit der Theorie nach bekannten Verursacher von Gravitationswellen. Natürlich besteht die Hoffnung, darüber hinaus noch weitere auszumachen. Gravitationswellenimpulse unbekannter Form könnten zur Entdeckung völlig neuer astrophysikalischer Prozesse führen. Wenden wir uns nun aber der Frage zu, wie man Gravitationswellen messen kann.

2. Es gibt sie, es gibt sie nicht

In den späten 1950er und frühen 1960er Jahren galt die Existenz von Gravitationswellen weitgehend als gesichert, doch war nicht ausgemacht, ob sie Energie enthalten und mit Materie in Wechselwirkung treten. Damit stand und fiel aber die Frage, ob man jemals einen Detektor konstruieren könnte, um sie zu messen. Der Physiker Felix Pirani hatte zu dieser Frage 1956 einen Aufsatz in einer polnischen Zeitschrift veröffentlicht, der jedoch seinerzeit wenig Beachtung fand.

Zudem war vorerst nur wenig über astronomische Objekte und Ereignisse bekannt, die nennenswert Gravitationswellen erzeugen könnten. Die Existenz von schwarzen Löchern und Neutronensternen galt zwar als theoretisch möglich, doch erst im Jahr 1967 gelang den Astronomen der Nachweis eines Neutronensterns (siehe Kapitel 7). Supernovae waren daher die besten Kandidaten für das Aussenden von Gravitationswellen, aber es gab keine zuverlässigen Abschätzungen für die Stärke der Wellen, die sie erzeugen würden.

Wie schon Einstein erkannt hatte, ist die Verformung des Raums durch Gravitationswellen im Vergleich zu Dimensionen unserer Alltagswelt extrem gering. Die Raumzeit ist zwar verformbar, aber sie ist ausgesprochen steif, was bedeutet, dass extrem viel Energie erforderlich ist, um sie zu verformen. In der Nähe ihrer Quelle sind Gravitationswellen zwar stärker und wären dort einfacher zu messen, aber das Ausmaß der Verformung nimmt proportional zum Abstand von der Quelle ab. Die immense Größe des Universums und die räumliche und zeitliche Verteilung der Ereignisse, die Gravitationswellen erzeugen, sind also zentrale Faktoren dafür, um die notwendige Empfindlichkeit eines Detektors abzuschätzen, mit dem eine Messung gelingen kann.

Joseph Weber

Die Geschichte der experimentellen Suche nach Gravitationswellen beginnt mit dem 1919 geborenen US-Amerikaner Joseph
Weber, der im Zweiten Weltkrieg den Untergang des Flugzeug-
trägers Lexington überlebt, einen U-Boot-Jäger kommandiert
und zeitweise für die Aufklärung arbeitet. Weber, Sohn jüdi-
scher Einwanderer, wird nach dem Krieg 1948 Professor für
Elektrotechnik in Maryland und 1950 Professor für Physik. Er
gilt als einer der wenigen Physiker, die sowohl auf experimentel-
lem Gebiet als auch in der Theorie exzellente Arbeit leisten. In
den frühen 50er Jahren denkt Weber über die Möglichkeit nach,
einen Laser zu bauen.

Ein Laser (das Akronym steht für *Light Amplification by Sti-
mulated Emission of Radiation*, frei übersetzt: *Lichtverstär-
kung durch stimulierte Emission*) ist eine spezielle Lichtquelle,
die extrem einfarbiges Licht erzeugen kann. Die Möglichkeit
der stimulierten Emission von Licht war bereits 1917 von Einstein im Zusammenhang mit seiner langwierigen Arbeit an der
Relativitätstheorie erkannt worden. Im nächsten Kapitel werden uns Laser wieder begegnen, weil sie zum Betrieb moderner
Interferometer notwendig sind.

1952 hält Weber einen Vortrag auf einer Konferenz in Ottawa,
Kanada, über die Möglichkeit der Verstärkung von elektromagnetischer Strahlung, gefolgt von einer Veröffentlichung im
darauffolgenden Jahr. Auch andere Physiker arbeiten an dem
Thema. 1954 bauen Gordon, Zeiger und Townes den ersten
Maser (eine Variante des Lasers für langwellige Strahlung), zu
dessen Theorie Basov und Prokhorov 1954 und 1956 Beiträge
liefern. Nachdem Maiman 1960 den ersten Laser gebaut hat,
erhalten Townes, Prokhorov und Basov im Jahr 1964 den Nobelpreis für Physik. Weber geht dabei leer aus.

In der Zwischenzeit hat Weber aber ein neues Forschungs-
gebiet entdeckt: Gravitation und Gravitationswellen. 1957 ist
er Gast bei einer berühmten Konferenz in Chapel Hill, North
Carolina, die von privaten Sponsoren finanziert wird, die die
Erforschung der Gravitation voranbringen wollen. Auf dieser

Konferenz gibt Pirani in einem Vortrag entscheidende Diskussionsanstöße, die in der Folge erstmals zu einem Konsens führen, dass Gravitationswellen messbar seien. Weber hört eine Vorlesung über Gravitation von John Wheeler und verfasst 1960 einen Aufsatz zur Theorie und Nachweisbarkeit von Gravitationswellen. Er kommt ebenfalls zu dem Schluss, dass es technisch möglich sei, Gravitationswellen zu messen, und macht sich an die Arbeit. Wheeler schreibt später in seiner Autobiographie: *Er (Weber) warf sich mit religiöser Inbrunst auf die Gravitationswellen und verfolgte sie für den Rest seiner Laufbahn. Manchmal frage ich mich, ob ich ihn nicht mit zu viel Enthusiasmus für diese monumentale Aufgabe erfüllt habe.*

Wie gesehen, dehnen und stauchen Gravitationswellen den Raum, und so ist Webers grundlegende Idee, eine möglichst große Masse zu verwenden, die von einer Gravitationswelle zu Schwingungen angeregt werden kann. Er verwendet zu diesem Zweck durch und durch massive Zylinder aus einer Aluminiumlegierung, die in der Mitte an Drähten frei schwebend aufgehängt sind, sodass sie ungehindert schwingen können. Von Interesse ist hier der Schwingungszustand der *longitudinalen Grundmode*. Das ist diejenige Schwingungsform eines Zylinders, bei der sich seine Endflächen parallel gegeneinander bewegen. Läuft eine Gravitationswelle durch den Zylinder, so erfährt dieser eine dehnende und stauchende Kraft, die unmittelbar von der Dehnung und Stauchung des Raums durch die Welle hervorgerufen wird. Ist die Anregung groß genug, so schwingt der Zylinder für eine kurze Zeit mit einer ihm eigenen Frequenz, seiner Eigenfrequenz, grob vergleichbar mit einer Glocke, die nach einer Anregung für eine gewisse Zeit mit dem ihr eigenen Ton schwingt. Die Amplitude der Schwingung des Zylinders wird mit geeigneten Sensoren in elektrische Signale umgewandelt und aufgezeichnet.

Als technische Feinheit sei hier vermerkt, dass eine Gravitationswelle (wie jede Form der Anregung) die Amplitude der Schwingung des Zylinders nicht nur vergrößern, sondern auch verringern kann! Das liegt daran, dass die Amplitude normalerweise um einen Mittelwert schwankt, sodass sie bei entspre-

Abbildung 2.1: Joseph Weber an einem seiner Zylinder in Maryland.

In der Mitte des Zylinders erkennt man quadratische Plättchen auf der Oberfläche, bei denen es sich um sogenannte piezoelektrische Elemente handelt, die die Dehnungen und Stauchungen des Zylinders in elektrische Signale umwandeln. Webers frühe Zylinder sind empfindlich bei einer Frequenz von 1660 Hz. Zur weitgehenden Abschirmung des Zylinders von Bodenerschütterungen wird der Apparat auf abwechselnden Schichten von Gummi und Metall gelagert (im Bild links unten). Zusätzlich wird der Zylinder in einer Vakuumkammer betrieben (im Bild nicht sichtbar), um ihn vor akustischen Einflüssen und Temperaturschwankungen zu schützen.

chender Phasenlage der Anregung eben auch kleiner werden kann. Bei der Suche nach Gravitationswellen mit Zylindern sucht man deshalb am besten nach *Veränderungen* der Schwingungsamplitude.

Die Anregung eines Zylinders durch eine Gravitationswelle funktioniert am effektivsten, wenn die Schwingungsfrequenz der Raumdehnung mit der Eigenfrequenz des Zylinders übereinstimmt, sodass der Zylinder stets für eine bestimmte Frequenz von Gravitationswellen die beste Empfindlichkeit besitzt. Die Zylinder, manchmal auch *Weber-Zylinder* genannt, werden deshalb auch als *Resonanzantennen* bezeichnet, da sie nur im Bereich um eine bestimmte Frequenz, also resonant, für Gravitationswellen empfindlich sind. Den Begriff der ‹Antenne› kennt man vom Empfang elektromagnetischer Wellen, aber ein Weber-Zylinder soll natürlich Gravitationswellen empfangen. Im Folgenden benutzen wir auch den Begriff *Detektor* als allgemeines Synonym für ein Messinstrument. Abbildung 2.1 zeigt Joseph Weber bei der Arbeit an einem seiner Zylinder.

Die Empfindlichkeit eines Gravitationswellendetektors wird allgemein als ein Maß der relativen Dehnung des Raums angegeben, die von dem Detektor gerade noch registriert werden kann, sich also vom Rauschen des Detektors soeben unterscheiden lässt. Die relative Dehnung des Raums entspricht dabei der absoluten Längenänderung, geteilt durch die Länge der Messstrecke. Webers Zylinder, die bei Raumtemperatur betrieben wurden, erreichten eine Empfindlichkeit von etwa 10^{-16} bei einer Schwingungsfrequenz von 1660 Hz. Das bedeutet zum Beispiel, dass diese Detektoren auf einer Raumlänge von einem Meter eine Längenänderung des zehnten Teils eines Protondurchmessers messen konnten. Oder, um andere Vergleiche zu bemühen: Eine relative Längenänderung von 10^{-16} entspricht ganz grob der Änderung des Abstands zwischen Erde und Mond um den Durchmesser eines Atoms oder des Abstands zwischen Sonne und Erde um Haaresbreite. Und das war erst der Anfang!

Zu einer solchen Empfindlichkeitsangabe gehört stets auch die Dauer eines gemessenen Signals. Mit anderen Worten bezieht sich die Empfindlichkeit immer auf eine Bandbreite des Detektors. Ohne weitere Angaben wird eine Bandbreite von einem Hertz angenommen, was einer Signaldauer von einer Sekunde entspricht.

Wie unterscheidet man Signale von Rauschen?

Ein grundlegendes Problem bei der Messung von schwachen Signalen wie zum Beispiel Gravitationswellen besteht darin, sie zuverlässig von dem natürlichen Rauschen des zur Messung benutzten Instruments zu unterscheiden. Jede physikalische Messapparatur besitzt interne Rauschquellen, die die Empfindlichkeit zur Messung derjenigen Größen, für die der Apparat konstruiert wurde, begrenzen. Als Rauschen wird in der Physik ein Prozess bezeichnet, der letztlich auf zufälligen, aber statistisch berechenbaren Fluktuationen beruht, die zeitlich homogen sind. Die Empfindlichkeit eines Weber-Zylinders ist unter anderem von thermischem Rauschen begrenzt, das durch die statistische Bewegung der Atome und Moleküle hervorgerufen wird, aus denen der Zylinder besteht. Deren thermische Bewegungsenergie, die äquivalent zur Temperatur des Zylinders ist, regt den Zylinder permanent zu Schwingungen im Bereich seiner Resonanzfrequenz an.

Eine Veränderung des Schwingungszustands des Weber-Zylinders durch eine Gravitationswelle lässt sich nur dann vom Rauschen des Detektors unterscheiden, wenn die Änderung ausreichend groß ist. Für diese Unterscheidung gibt es aber keine eindeutige Grenze, was ein wichtiges Prinzip bei der Analyse und Interpretation der Messungen darstellt. Auch wenn die Auswertung heute weitgehend automatisiert geschieht, muss doch für jeden Einzelfall einer Schwankung im Ausgangssignal des Detektors entschieden werden, ob es sich um ein gesuchtes Signal handeln könnte oder nicht. Letztlich führt das immer zu einer statistischen Analyse und zu einer Wahrscheinlichkeitsaussage über die mögliche Ursache eines beobachteten Signals.

Zusätzlich zu den internen Rauschquellen des Detektors können (zumeist kurzzeitige) Störungen aus der externen Umwelt oder aus dem Inneren des Detektors Signale in der Messapparatur erzeugen, die man fälschlich als die gesuchten Signale interpretieren könnte. Diese Störsignale können zum Beispiel von Erschütterungen des Bodens durch kleine Erdbeben, Straßenverkehr oder Wind hervorgerufen werden oder durch Störungen elektromagnetischer Art, die in unerwünschter Weise auf die Messapparatur einwirken. Ein Großteil des experimentellen Aufwands beim Aufbau der Detektoren (seien es Resonanz-antennen oder die im nächsten Kapitel behandelten Interfero-meter) besteht darin, sie möglichst gut von störenden Einflüssen aus der Umwelt abzuschirmen, unter anderem durch die oben erwähnten seismischen Isolationssysteme und Vakuumkammern. Da die Abschirmung von Umwelteinflüssen niemals ganz perfekt gelingt und es auch Detektor-interne Störungen geben kann, be-nutzt man zwei grundlegende Möglichkeiten, um ein gesuchtes Signal von Störungen zu unterscheiden:

Erstens verwendet man Sensoren in der Umwelt des Detek-tors, die möglichst empfindlich für externe Störungen sind, also zum Beispiel Seismometer zur Aufzeichnung von Bodenerschüt-terungen oder Sensoren zur Detektion von Magnetfeldschwan-kungen. Tritt gleichzeitig mit einem Signal in der Messappara-tur auch ein Signal in einem der Umweltsensoren auf, geht man mit einer konservativen, vorsichtigen Grundhaltung davon aus, dass das vermeintliche Signal in der Messapparatur von einer Störung aus der Umwelt verursacht wurde. Dieses Prinzip wird auch *Veto* genannt: Das Signal im Umweltsensor dient als Veto bei der Interpretation des Signals im Detektor. Diese Vorsicht bei der Interpretation der Messdaten hat mit der Neuheit des Forschungsgebiets und der alternativen Hypothese zu tun. Im hier gegebenen Kontext besteht die zu einer Störung aus der Umwelt alternative Hypothese darin, eine Gravitationswelle ge-messen zu haben, was insbesondere dann eine starke Behaup-tung ist, wenn es sich um die historisch erste Messung handelt.

Zweitens verwendet man das Prinzip der Koinzidenzmes-sung, bei dem man nur dann von einem Nachweis des gesuchten Signals ausgeht, wenn es in mindestens zwei Detektoren gleich-zeitig bzw. innerhalb einer kurzen Zeitspanne registriert wor-den ist. Wenn zwei Detektoren ausreichend weit voneinander entfernt sind, ist es unwahrscheinlich (wenn auch nicht völlig ausgeschlossen), dass in ihnen Störungen zur gleichen Zeit auf-treten. Eine grundlegende Frage bei Koinzidenzmessungen ist demnach, wie viele zufällige bzw. unerwünschte Koinzidenzen

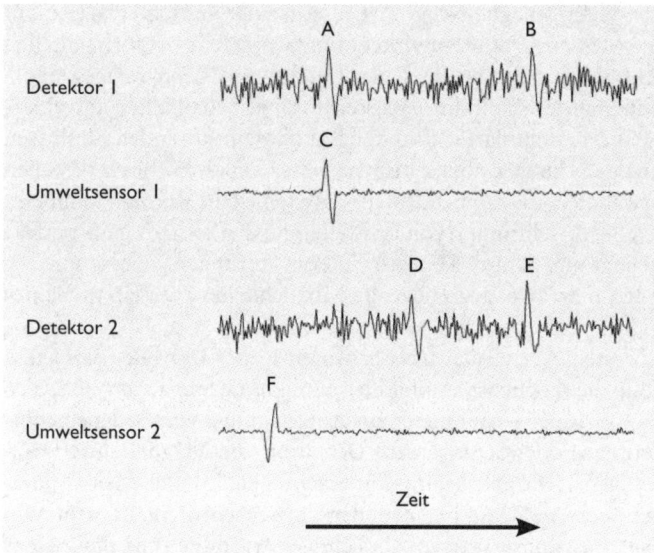

Abbildung 2.2: Simulierte Signale zweier Detektoren und ihrer Umweltsensoren.

In Detektor 1 sind Ereignisse A und B markiert, in denen sich eine Struktur augenfällig vom internen Rauschen des Detektors abhebt. Umweltsensor 1 registriert ein Ereignis C, das etwa gleichzeitig mit Ereignis A auftritt. In der Analyse wird C als Veto gegen die Interpretation von A als des gesuchten Signals benutzt. In Detektor 2 sind die Ereignisse D und E augenfällig. Da zeitgleich zu Ereignis D weder in Detektor 1 noch in Umweltsensor 2 ein Ereignis auftritt, kann man D als interne Störung in Detektor 2 klassifizieren. Ereignis E tritt etwa gleichzeitig, also koinzident, mit Ereignis B auf, sodass diese Ereignisse nun Kandidaten für ein gesuchtes Signal sind, zum Beispiel eine Gravitationswelle. Dass nicht alle Störungen der Umwelt in die Detektoren koppeln, ist schließlich durch Ereignis F illustriert.

man auf natürliche Weise, also ohne Anwesenheit eines echten Signals, erhält. Aus diesem Wissen kann man dann ableiten, mit welcher Wahrscheinlichkeit eine beobachtete Koinzidenz tatsächlich auf eine Gravitationswelle hindeutet, also nicht durch externe oder interne Störungen verursacht wurde. Wir werden auf diese Thematik in Kapitel 5 noch näher eingehen. Zur Illustration der Prinzipien Veto und Koinzidenz zeigt Abbildung 2.2 simulierte Signale zweier Detektoren und ihrer Umweltsensoren.

Kontroverse und Konsens

In den Jahren 1967 bis 1970 veröffentlicht Weber fünf Aufsätze in der renommierten Zeitschrift *Physical Review Letters*, die mit zunehmender Gewissheit die wahrscheinliche Detektion von Gravitationswellen verkünden. Während es in der Publikation von 1967 noch sinngemäß heißt, es könne nicht ausgeschlossen werden, dass die beobachteten Signale von Gravitationswellen stammten, kommt Weber in einem Aufsatz von 1969 zu dem deutlicheren Schluss: *This is good evidence that gravitational radiation has been discovered.* Dieser letztere Aufsatz, in dem Weber Daten von zwei ca. 1000 km voneinander entfernten Zylindern in einer Koinzidenzmessung vergleicht, erregt das Interesse von Forschern weltweit, die nun beginnen, sich bei Weber nach Details seiner Messungen zu erkundigen.

Ende 1969 wendet sich Robert Forward, ein Mitarbeiter Webers, an mindestens 13 Fachkollegen aus aller Welt und bietet ihnen technische Unterstützung und Beratung an, falls sie Webers Experimente wiederholen wollen. In vielen unabhängigen Laboren werden nun tatsächlich Resonanzantennen gebaut, um Webers Behauptung überprüfen zu können.

Theoretisch scheint es unplausibel zu sein, dass es so starke Gravitationswellen gibt, wie Weber sie glaubt beobachtet zu haben. Wenn diese Signale zum Beispiel von Supernovae in unserer Galaxie, der Milchstraße, stammen würden, müssten die meisten Sterne der Milchstraße bereits explodiert sein, was den Beobachtungen eindeutig widerspricht. Letztlich aber müssen die Experimente anderer Forschergruppen zeigen, ob Webers Ergebnisse reproduzierbar sind, denn im Prinzip kann es ja auch Fehler in der Berechnung der Signalstärken oder der tatsächlichen Empfindlichkeit der Detektoren geben.

Weber legt 1970 zwei weitere Veröffentlichungen vor, in denen er wiederum zu dem Schluss kommt, Gravitationswellen gemessen zu haben. In der ersten führt er eine neue Idee bei der Analyse seiner Daten ein, indem er die Rate an zufälligen Koinzidenzen erstmalig experimentell bestimmt. Dazu verwendet er Daten zweier Detektoren, die jeweils zu verschiedenen Zeiten aufgezeichnet wurden. Die Idee dabei ist, dass Koinzidenzen, die man bei dieser zeitversetzten Analyse findet, wahrscheinlich nicht von einer Gravitationswelle hervorgerufen sein können, da diese ja etwa gleichzeitig in beiden Detektoren registriert werden müsste. Auf diese Weise erhält man eine Abschätzung der Rate von Koinzidenzen, die kein Signal enthalten. Diese lässt sich dann mit der Rate der Koinzidenzen vergleichen, die man erhält, wenn man die Detektordaten aus tatsächlich identischen Zeitenabschnitten analysiert.

In der zweiten Arbeit spricht Weber von starken Hinweisen darauf, dass die von ihm registrierten Signale aus der Richtung des Zentrums der Milchstraße stammten. Eine solche Beobachtung wäre ein weiteres Indiz dafür, dass die Koinzidenzen tatsächlich von Gravitationswellen hervorgerufen sein könnten.

1972 werden erste experimentelle Ergebnisse von anderen Forschergruppen publiziert. Es gibt einige weniger eindeutige Resultate, aber insgesamt kann keines der anderen Forscherteams mit seinen Resonanzantennen die von Weber beobachteten Signale nachvollziehen.

Am Max-Planck-Institut für Astrophysik in München verfolgt man ebenfalls Webers Arbeit, und es entsteht die Keimzelle der Gravitationswellenastronomie in Deutschland. Heinz Billing und sein Mitarbeiter Walter Winkler beginnen mit dem Bau einer Resonanzantenne, die der Bauart von Webers Detektoren möglichst nahekommt. Die Gruppe führt aber auch einige substanzielle Verbesserungen ein, die ihren Detektor zum empfindlichsten seiner Zeit machen: Die Piezoelemente zum Auslesen der Schwingungsamplitude werden optimiert, es wird Elektronik entwickelt, die weniger rauscht, und bei der Analyse der Daten verwendet man erstmals das Prinzip, nach *Veränderungen* der Amplitude zu suchen, statt nur nach *Vergrößerungen*, wie Weber es bisher getan hat. Die Münchner Gruppe analysiert die Daten ihrer Resonanzantenne in Koinzidenz mit einer Gruppe in Frascati, Italien, die einen Detektor ganz ähnlicher Bauweise konstruiert hat. Die Ergebnisse werden 1975 und 1977 veröffentlicht, und auch hier gibt es keinerlei Hinweise auf die Messung von Gravitationswellen.

Durch das Ausbleiben erfolgreicher Replikationen wachsen die Zweifel an Webers Befunden und es kommt zu teilweise heftigen Kontroversen. Experimentelle Ergebnisse sind immer offen für Interpretationen, aber die meisten Wissenschaftler werden zunehmend skeptisch, während Weber bei seiner Interpretation der Daten bleibt und auch mit weiteren Publikationen 1972 und 1973 nachlegt. Obwohl er einige Verbesserungen seiner Datenanalyse vornimmt, unterlaufen ihm auch Fehler. So findet er irrtümlich eine signifikante Anzahl von Koinzidenzen zwischen Detektoren, deren Daten zu verschiedenen Zeiten aufgezeichnet wurden, die also eigentlich keine durch Gravitationswellen hervorgerufene Koinzidenzen aufweisen dürften. Jedem Wissenschaftler unterlaufen Fehler, aber im Kontext der Kontroverse um Webers Ergebnisse verstärken sie die Zweifel an seiner Art der Datenanalyse. Außerdem ist nun in Webers neuen Daten das galaktische Zentrum als bevorzugte Richtung nicht mehr nachweisbar, und obwohl Webers Detektoren im Laufe der Zeit empfindlicher werden, nimmt die Stärke der beobachteten Signale nicht entsprechend zu.

Das alles führt dazu, dass Weber ab 1975 im Wesentlichen von seinen Wissenschaftlerkollegen ignoriert wird. Er arbeitet noch bis zu seinem Tod im Jahr 2000 an der Detektion von Gravitationswellen und ist bis zum Ende überzeugt, dass er sie gemessen hat. Ein strenger Beweis des Gegenteils ist natürlich nicht möglich, aber der wissenschaftliche Konsens lautet, dass Weber sich geirrt hat. Ungeachtet dessen kommt ihm das Verdienst zu, die experimentelle Suche nach Gravitationswellen auf den Weg gebracht zu haben. Wheeler würdigt ihn mit den Worten: *Webers Verdienst bleibt es, den Weg gewiesen zu haben. Niemand hatte den Mut, nach Gravitationswellen Ausschau zu halten, bis Weber zeigte, dass es im Bereich des Möglichen lag.*

Viele der Forscher, die sich von Weber zu der Suche nach Gravitationswellen haben inspirieren lassen, bleiben dem Arbeitsfeld treu und wollen die Wellen nun auch wirklich finden. Einige von ihnen wenden sich dabei der neuen Technik der Interferometer zu, während andere an wesentlichen Verbesserungen der Resonanzantennen arbeiten.

Die Weiterentwicklung der Resonanzantennen

Zwar schwanken die Vorhersagen der beobachtbaren Rate von astrophysikalischen Ereignissen für die verschiedenen denkbaren Quellen von Gravitationswellen erheblich, doch gehen Wissenschaftler nun, in den 70er Jahren, davon aus, dass Detektoren womöglich bis zu einer Million Mal empfindlicher sein müssten als diejenigen Webers, um mit einiger Wahrscheinlichkeit Gravitationswellen messen zu können. Um mit Resonanzantennen eine wesentlich höhere Empfindlichkeit zu erreichen, muss man die dominierende Rauschquelle, das thermische Rauschen, angehen, indem man die Detektoren bei sehr niedrigen, als *kryogen* bezeichneten Temperaturen betreibt, also in der Nähe des absoluten Nullpunkts der Temperaturskala.

In der Folge starten solche kryogenen Projekte mit Resonanzantennen in den USA (Stanford und Baton Rouge), in Australien (Perth) sowie in Italien (Frascati, Legnaro) und, als Außenstelle, am Schweizer CERN. Die Einführung kryogener Technik stellt eine neue Stufe der Komplexität bei der Weiterentwicklung der Detektoren dar. Die zur Kühlung verwendeten Techniken erzeugen Vibrationen und Erschütterungen, die man eigentlich von einem Gravitationswellendetektor fernhalten möchte, sodass die Kühltechnik ebenfalls seismisch isoliert gelagert werden muss. Die kryogenen Temperaturen erfordern ein mehrlagiges Design von Temperaturschilden, und die Isolation der Detektoren gegen seismische Einflüsse wird somit komplexer und nun mehrstufig. Man verwendet flüssiges Helium, um bis auf Temperaturen von wenigen Kelvin zu kühlen. Zwei der neuen Projekte stoßen mit sogenannten Verdünnungskühlern sogar zu ultra-kryogenen Temperaturen deutlich unter einem Kelvin vor.

Zur Umwandlung der angeregten Schwingungen der kryogenen Zylinder in elektrische Signale müssen neue, empfindlichere Sensoren entwickelt werden. Man verwendet nun SQUIDs *(Superconducting Quantum Interference Devices)*, die sich Quanteneffekte zunutze machen, um Magnetfelder extrem empfindlich messen zu können. Die mechanische Schwingung des Zylinders wird mit geeigneten Transformatoren in kleine

Tabelle 2.1: Kryogene Resonanzantennen.

Projekt	Ort	Temperatur	Resonanzfrequenz	Betriebszeit
Allegro	Baton Rouge	4 K	ca. 900 Hz	1991–2007
Auriga	Legnaro	0,1 K	ca. 900 Hz	1997–2016
Explorer	CERN	2 K	ca. 900 Hz	1990–2012
Nautilus	Frascati	0,1 K	ca. 900 Hz	1995–2016
Niobe	Perth	5 K	ca. 700 Hz	1993–2001

Alle Detektoren benutzen ca. 3 Meter lange Zylinder, die (mit Ausnahme von Niobe) aus einer Aluminiumlegierung mit einer Masse von etwa 2,3 Tonnen bestehen. Niobes Zylinder besteht aus 1,5 Tonnen des Elements Niobium und ist das größte jemals hergestellte Objekt aus diesem Element. Die Betriebszeit umfasst den Zeitraum von der ersten Datenaufzeichnung bis zum Ende des Projekts.

Magnetfeldschwankungen übertragen, die dann mit einem SQUID gemessen werden.

Die Komplexität dieser Detektoren kann hier nur angerissen werden. Entsprechend der Schwierigkeit der Aufgabe werden Fortschritte nur langsam erzielt. 1986 gibt es den ersten gemeinsamen Datenlauf mit drei kryogenen Detektoren (in Stanford, Baton Rouge und am CERN). Im Jahr darauf werden die Detektoren verbessert, und so ist kein kryogener Detektor in Betrieb, als am 24. Februar die Supernova 1987A in der großen Magellan'schen Wolke beobachtet wird. Es ist die der Erde am nächsten gelegene Supernova seit 1604, und wenngleich es unwahrscheinlich ist, dass die kryogenen Detektoren Gravitationswellen dieses Ereignisses hätten nachweisen können, wird es trotzdem als unglücklicher Umstand wahrgenommen, ein so seltenes Ereignis verpasst zu haben.

Im Jahr 2000 sind schließlich fünf kryogene Resonanzantennen in Betrieb. 2006 stellt die italienische Wissenschaftsagentur INFN die Förderung für Forschung und Entwicklung von Resonanzantennen zwar ein, die Detektoren Auriga, Explorer und Nautilus werden aber noch einige Jahre weiterbetrieben.

Die technische Leistung beim Bau dieser Zylinder ist beachtlich. Der kryogene Zylinder des Nautilus-Detektors zum Beispiel ist das kälteste massive Objekt in der bekannten Welt. Doch obwohl die kryogenen Zylinder bis zu hunderttausendmal empfindlicher sind als diejenigen Webers, werden keine Gravitationswellen mit ihnen gemessen. Stattdessen werden einige andere Forschungsergebnisse mit den Zylindern gewonnen, zum Beispiel in Bezug auf die Frage, ob sich sehr kalte massive Objekte so verhalten wie von der Quantenphysik vorhergesagt.

Neben den Resonanzantennen in Zylinderform gab es auch einige Projekte, die Resonanzantennen in Kugelform anstrebten, die jedoch zumeist in der Planungsphase stecken blieben. Der Vorteil einer Kugelgeometrie gegenüber der eines Zylinders besteht darin, dass eine Kugel für Gravitationswellen aus allen Richtungen empfänglich ist, während ein Zylinder bevorzugt in Richtung seiner Längsachse schwingt und somit nur Wellen empfangen kann, die diese Schwingungsrichtung anregen. Trotzdem ist auch ein Kugeldetektor nur in einem relativ schmalen Frequenzband für Gravitationswellen empfindlich, und diese Tatsache sollte als der entscheidende Nachteil der Resonanzantennen gegenüber den Interferometern gewertet werden. Die Kugeldetektoren konnten nur in Form kleiner Prototypen gebaut werden, und so übernahmen die Interferometer langsam das Feld.

3. Michelsons Erbe: Interferometer

Webers Idee war es, zur Detektion von Gravitationswellen Massen zu benutzen, die von den Wellen zu Schwingungen angeregt werden. Spätestens mit Piranis theoretischer Arbeit von 1956, die untersuchte, wie Gravitationswellen mit Massen in Wechselwirkung treten, zeichnete sich die Möglichkeit ab, den Abstand zwischen frei beweglichen Massen zu messen, der von einer Gravitationswelle verändert würde. Zu diesem Zweck kann man Licht in geeigneter Weise verwenden.

Wellen, Interferenz und Interferometer

Eine Welle kann als die Ausbreitung einer Anregung beschrieben werden. Als Träger der Welle dient häufig ein Medium; bei einer Gravitationswelle breitet sich eine Raumkrümmung im Medium der Raumzeit aus. Eine Welle breitet sich sowohl räumlich als auch zeitlich aus. An einem festen Ort bewirkt sie die Schwingung eines Objekts oder einer physikalischen Größe um einen Ruhepunkt. Zum Beispiel schwingen bei einer Wasserwelle die Wassermoleküle auf der Oberfläche eines Sees, bei einer Lichtwelle schwingt das elektromagnetische Feld. In räumlicher Ausdehnung bilden die Berge und Täler der Welle ein ausgedehntes Muster, das sich zeitlich verändert und fortpflanzt. Die Überlagerung oder Addition der Muster verschiedener Wellen führt zu Phänomenen, die als *Interferenz* bezeichnet werden. Interferenz ist demnach nichts anderes als die Addition zweier oder mehrerer Wellen bzw. das daraus resultierende Phänomen.

Wellen und Interferenzerscheinungen spielen in verschiedenen Gebieten der Physik eine Rolle, zum Beispiel in der Akustik und Optik. Optische Interferenzerscheinungen (Young'scher Doppelspaltversuch von 1801) führten historisch dazu, Licht

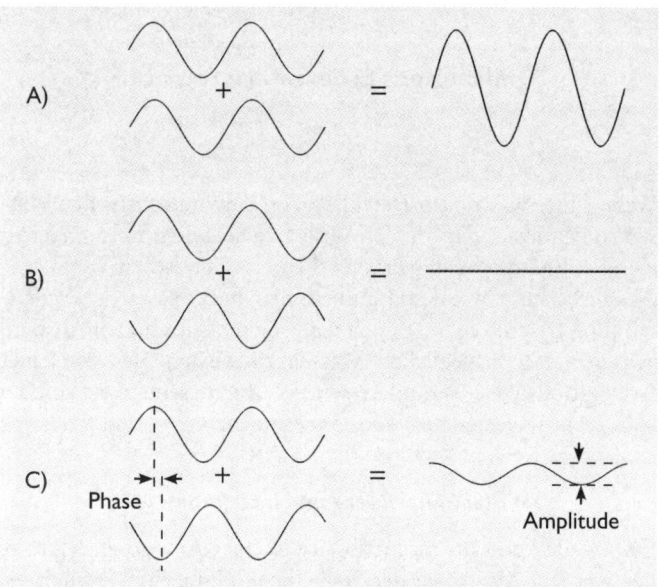

Abbildung 3.1: Die Interferenz von Wellen.

als Wellenphänomen zu beschreiben, man denke nur an das far-bige Schillern einer Seifenblase, das auf optischer Interferenz beruht.

Abbildung 3.1 A zeigt zwei Wellen, deren Berge und Täler an den gleichen Orten übereinanderliegen: Man spricht in diesem Fall davon, dass die Wellen *in Phase* sind. Zur deutlicheren Darstellung sind beide Wellen hier räumlich getrennt gezeich-net, aber wenn man sie sich räumlich übereinanderliegend vor-stellt, addieren sich beide Wellen.

In Abbildung 3.1 A interferieren die beiden sich in Phase be-findenden Wellen auf der linken Seite zu der Welle auf der rech-ten Seite, die eine doppelt so große Amplitude wie die einzelnen Wellen aufweist. Man bezeichnet diesen Fall als *konstruktive Interferenz*. Abbildung 3.1 B beschreibt den Fall der *destrukti-ven Interferenz*, bei dem die Wellen auf der linken Seite mit ge-

gensätzlicher Phase schwingen. Wellenberge und -täler liegen sich gegenüber, sodass sie sich bei Addition zu einer resultierenden Welle der Amplitude null auslöschen. Der allgemeine Fall eines kleinen Unterschieds in der Phase zweier Wellen ist in Abbildung 3.1 C beschrieben. In diesem Fall addieren sich die Wellen zu einer Welle mit einer Amplitude, die (für kleine Änderungen der Phase) in einem linearen Verhältnis zum Phasenunterschied zwischen den Ausgangswellen steht. Das bedeutet, dass eine kleine Änderung der Phase zwischen den Ausgangswellen in eine kleine Änderung der Amplitude der resultierenden Welle übersetzt wird. Hat man eine Anordnung, bei der die beiden Ausgangswellen verschiedene Wege durchlaufen, erfahren sie dabei verschiedene Phasenänderungen. Werden die Wellen anschließend überlagert, wird ihre Phasendifferenz in eine Amplitude übersetzt, die man messen kann. Diese Anordnung wird als *Interferometer* bezeichnet.

Ein Interferometer ist demnach ein Instrument, welches das Phänomen der Interferenz gezielt nutzt, um eine bestimmte Größe, typischerweise eine Phasendifferenz zwischen zwei Lichtstrahlen, präzise zu messen. Da die Phase der Lichtstrahlen unter anderem proportional zu der Weglänge ist, die sie durchlaufen haben, ist ein Interferometer vorzüglich für Längenmessungen geeignet.

Der 1852 in Preußen geborene US-amerikanische Physiker Albert Michelson war lange an dem Problem der Messung der Lichtgeschwindigkeit interessiert und verbesserte die seinerzeit gängige Methode, diese mit einem rotierenden Spiegel zu messen. Bei einem Studienaufenthalt in Deutschland entwickelte er die Idee, optische Interferenz zur Messung der Lichtgeschwindigkeit zu nutzen. 1881 baute er in Berlin eine nach ihm benannte Variante eines Interferometers, ein *Michelson-Interferometer*, zur Messung der relativen Geschwindigkeit des Lichts auf zwei rechtwinklig zueinander stehenden Wegen. Das Experiment diente seinerzeit der Überprüfung der Hypothese, dass sich Licht in einem Medium ausbreitet, das als Äther bezeichnet wurde. Die Bewegung der Erde relativ zu dem hypothetischen Äther müsste dann zu einer Verzögerung der Laufzeit und somit

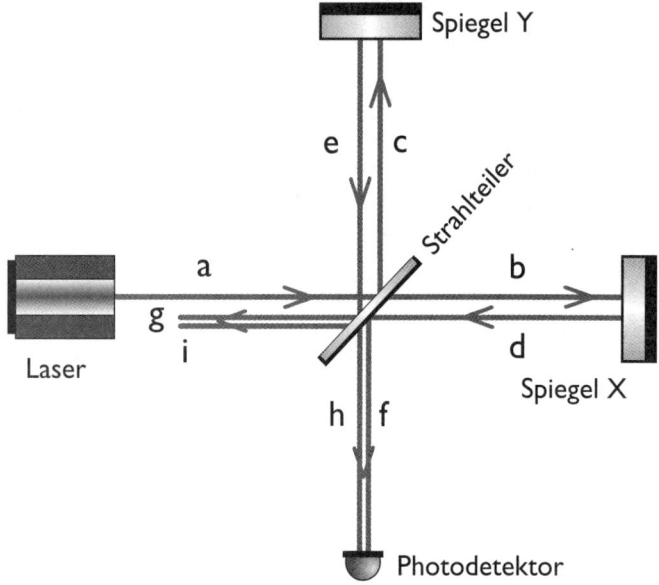

Abbildung 3.2: Schema eines Michelson-Interferometers.

zu einer Phasenverschiebung in einem Arm des Interferometers führen. Michelson entdeckte schnell eine wichtige Störquelle beim Betrieb von Interferometern, der wir schon im Zusammenhang mit den Resonanzantennen begegnet sind: Bodenerschütterungen behinderten die Messung, weshalb er mit dem empfindlichen Instrument ins ruhigere Potsdam umzog. Gemeinsam mit dem Chemiker Edward Morley wiederholte er das Experiment in verbesserter Form 1887 in Cleveland, Ohio.

Dieses berühmte Michelson-Morley-Experiment lieferte das vielleicht wichtigste Negativ-Ergebnis in der Geschichte der Physik: Das Äther-Medium konnte nicht gefunden werden. Licht breitet sich in alle Richtungen gleich schnell aus, unabhängig von der Bewegung der Lichtquelle oder eines Messinstruments. Wie zuvor erwähnt, ist diese Erkenntnis einer der Grundpfeiler der Speziellen Relativitätstheorie, und wenngleich historisch nicht ganz eindeutig ist, welche Rolle Michelsons und Morleys experimentelles Ergebnis bei der Entwicklung der Speziellen Relativitätstheorie gespielt hat, weisen einige Quellen darauf hin, dass Einstein dieses Ergebnis vor der Entwicklung seiner Theorie bekannt war.

In jedem Fall ist der historische Verlauf interessant: Im Michelson-Morley-Experiment wird ein Instrument benutzt, das durch sein Negativ-Ergebnis in Richtung der Speziellen Relativitätstheorie und somit auch der Allgemeinen Relativität weist. Rund 130 Jahre nach Michelsons und Morleys Ergebnis werden Gravitationswellen, eine Konsequenz der Allgemeinen Relativitätstheorie, mit einem stark weiterentwickelten Michelson-Interferometer nachgewiesen.

Abbildung 3.2 zeigt die schematische Abbildung eines Michelson-Interferometers.

Eine Lichtquelle, hier ein Laser, sendet Strahl a zum Strahlteiler, einem halbdurchlässigen Spiegel. Der Strahlteiler teilt das Licht in die Strahlen b und c auf und schickt es auf den Weg zu den Spiegeln X und Y. Diese beiden Wege nennt man auch die Arme des Interferometers. Am Ende der Arme reflektieren die Spiegel die Strahlen d und e zurück zum Strahlteiler, wo sie jeweils in die Strahlen f und g sowie h und i aufgespalten werden. Die Strahlen sind hier räumlich getrennt gezeichnet, liegen im echten Interferometer aber exakt übereinander, sodass sie interferieren können. Da die Strahlen h und f jeweils einen Arm des Interferometers durchlaufen haben, werden kleine Änderungen der Weglängen der Arme in kleine Änderungen der Phase zwischen diesen beiden Strahlen übersetzt. Diese Phasenänderung bewirkt eine Amplitudenänderung des interferierenden Strahls, also der Summe der Strahlen h und f, die als Helligkeitsänderung mit dem Photodetektor am sogenannten Ausgang des Interferometers registriert werden kann. Eine komplementäre Information über Weglängenunterschiede der Arme enthalten auch die beiden Strahlen g und i, die sich in Richtung des Lasers bewegen und die wir weiter unten betrachten werden.

Das Michelson-Interferometer als Gravitationswellendetektor

Die Idee, ein Michelson-Interferometer zur Messung von Gravitationswellen zu benutzen, ist von verschiedenen Wissenschaftlern offenbar unabhängig voneinander aufgebracht worden, sodass eine Priorität nur schwer zu ermitteln ist. Eine frühe kürzere Publikation in russischer Sprache stammt aus dem Jahr 1962 (Gertsenshtein und Pustovoit). Wahrscheinlich unabhängig davon erwähnte Joseph Weber die Idee in einem Telefongespräch mit seinem Kollegen Robert Forward im September 1964, doch hatte er sie laut seinen Laborbuchnotizen anscheinend schon bald nach der Chapel-Hill-Konferenz von 1957 gefasst.

Neben der bloßen Idee sind aber tiefgreifende Analysen der technischen Mittel zu ihrer Realisierung erforderlich, ein Prozess, der an die zur Verfügung stehenden oder für realisierbar gehaltenen technischen Möglichkeiten gebunden ist. Der in Berlin geborene US-Amerikaner Rainer Weiss dachte ab 1969 über Interferometer als Gravitationswellendetektoren nach. Er analysierte, wie empfindlich ein solches Instrument sein müsste und wie der Einfluss verschiedener Störquellen minimiert werden könnte. Weiss zitiert unter anderem die Veröffentlichung von Pirani als Inspiration.

Der theoretische Physiker Kip Thorne war ebenfalls früh an Gravitationswellen interessiert und ein begeisterter Unterstützer Webers. Thorne war aber zunächst von der Idee, Interferometer für diesen Zweck zu entwickeln, nicht überzeugt. In einem Standardlehrwerk zur Gravitation schreibt er (als Koautor mit Misner und Wheeler) über Interferometer: *Derartige Detektoren haben eine so geringe Empfindlichkeit, dass sie von geringem experimentellen Interesse sind.* Zu dieser Zeit, 1970, waren insbesondere die Laser noch sehr instabil, und die existierenden Interferometer waren bei Weitem nicht empfindlich genug. Thorne hatte jedoch Kontakt zu Weiss, der die Nutzung von Interferometern weiter untersuchte und prinzipiell für durchführbar hielt.

Wie wirkt nun eine Gravitationswelle auf ein Interferometer? Entsprechend dem Zyklus der Gravitationswelle wird ein Arm

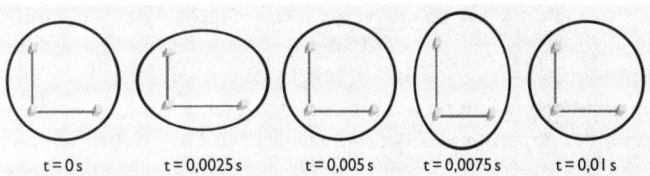

t = 0 s   t = 0,0025 s   t = 0,005 s   t = 0,0075 s   t = 0,01 s

Abbildung 3.3: Stauchung und Dehnung eines Michelson-Interferometers durch eine Gravitationswelle.

Die Welle fällt hier senkrecht zur Bildebene ein. Gravitationswellen dehnen und stauchen den Raum senkrecht zu ihrer Ausbreitungsrichtung, sie sind also Transversalwellen. In der Abbildung ist die als Plus (+) bezeichnete Polarisation einer Gravitationswelle dargestellt. In der Natur gibt es auch noch eine als Kreuz (x) bezeichnete, bei der die Ellipsenform der Dehnung des Raums um 45 Grad gedreht ist. Die fünf Teilbilder beschreiben einen vollen Zyklus des Durchgangs einer Gravitationswelle. Die als Beispiel gegebenen Zeitangaben entsprechen einer Gravitationswelle mit einer Schwingfrequenz von 100 Hz, also 100 Schwingungen pro Sekunde.

des Interferometers etwas länger, der andere Arm hingegen etwas kürzer. Dieser geringe Unterschied bewirkt eine kleine Phasenverschiebung der Lichtwellen in den beiden Armen relativ zueinander und kann dementsprechend, wie oben erklärt, detektiert werden. Abbildung 3.3 zeigt die stark überzeichnete Verformung eines Michelson-Interferometers durch eine Gravitationswelle.

Das Interferometer von Michelson und Morley hatte eine Empfindlichkeit für relative Weglängenunterschiede der Arme von etwa 10^{-10}. Um mit Interferometern mit einiger Wahrscheinlichkeit Gravitationswellen messen zu können, musste deren Empfindlichkeit eine Billion Mal höher sein und relative Längenänderungen von 10^{-22}, die in 0,01 Sekunden geschehen, auflösen können.

Es gibt drei wesentliche Faktoren für die Verbesserung der Empfindlichkeit von Interferometern. 1. die Länge der Arme (je länger, desto besser; mit einer Einschränkung, die unten erläutert wird); 2. die Ruhe der Massen, also der Spiegel des Interferometers (je ruhiger, desto besser); 3. die Menge des Lichts (je mehr Licht, desto besser; mit einer Einschränkung, auf die in Kapitel 7 verwiesen wird).

Der erste Faktor resultiert aus der Tatsache, dass das Gravitationswellensignal mit der Länge der Arme des Interferometers zunimmt. Das gilt jedenfalls, sofern die Umlaufzeit des Lichts in den Armen kürzer ist als die Dauer einer halben Schwingung der gesuchten Gravitationswelle. Für eine Welle mit einer Schwingungsfrequenz von 100 Hz beträgt die Schwingungsdauer 10 Millisekunden. In der Hälfte dieser Zeit, also während ein Arm des Interferometers von der Gravitationswelle gedehnt und der andere gestaucht wird, legt Licht eine Strecke von 1500 km zurück. Die optimale Armlänge für ein Michelson-Interferometer zur Messung dieser Gravitationswellenfrequenz wäre also 750 km, da das Licht die Länge des Arms auf dem Hin- und Rückweg durchläuft. Derart lange Arme sind auf der Erde nicht zu realisieren, sodass man stattdessen optische Konzepte zur Verlängerung des Lichtwegs in den Armen benutzt. Aufgrund zusätzlicher Rauschquellen durch diese Konzepte ist die Armlänge aber immer ein maßgeblicher Faktor für die Empfindlichkeit und im Übrigen auch ausschlaggebend für die Konstruktionskosten.

Der zweite Faktor betrifft einerseits die weiter unten zu betrachtende seismische Isolation, andererseits die winzigen Bewegungen der Testmassen, die durch thermische Fluktuationen des Materials der Spiegel und ihrer Aufhängungen erzeugt werden. Über das sogenannte *Fluktuations-Dissipations-Theorem* sind mechanische (sozusagen Reibungs-) Verluste der Spiegel und ihrer Aufhängungen direkt mit unerwünschten Bewegungen dieser Komponenten verbunden. Um solche Störungen zu minimieren, verwendet man verlustarme Materialien und Konstruktionsweisen.

Der dritte Faktor bezieht sich auf die Tatsache, dass mit mehr Licht die Messung des Phasenunterschieds zwischen den Strahlen der Interferometer-Arme genauer wird. Während Licht oben als Welle beschrieben wurde, um das Phänomen der Interferenz zu erklären, ist hier nachzutragen, dass es sich in Wechselwirkung mit Materie in quantisierter Form verhält – eine Entdeckung, die auf Max Planck und Albert Einstein zurückgeht: Es können nur einzelne ‹Päckchen› von Licht ausgesandt und detektiert werden, die sogenannten *Photonen*. Normalerweise ist die zeitliche Abfolge bei der Detektion zufällig, wodurch ein Rauschen entsteht. Dieses Rauschen bezeichnet man als *Schrotrauschen*, angelehnt an das zufällig anmutende Auftreffen der Kugeln aus einer Schrotflinte. Schrotrauschen stellt eine wichtige Begrenzung der Empfindlichkeit optischer Interferometer dar. Verwendet man nun mehr Licht im Interferometer, so erhöht sich dabei auch das störende *Schrotrauschen*, jedoch weniger als das Signal des Phasenunterschieds: Mehr Licht hilft also!

Es werde Licht. Bei dem Bestreben, eine möglichst starke Lichtquelle zu verwenden, hat die Entwicklung des Lasers einen entscheidenden Fortschritt für die Interferometrie erbracht. Laser ermöglichen zum einen sehr hohe Lichtleistungen, insbesondere weil das Licht, bedingt durch die Bauart des Lasers, als gebündelter Strahl in *einer* Richtung abgegeben wird. Zum anderen ist Laserlicht einfarbig, es hat also eine sehr gut definierte Wellenlänge, die es für den Einsatz in Interferometern prädestiniert. Etwas vereinfacht kann man sagen: Je einfarbiger das Licht, desto leichter ist es, seine Phase genau zu messen. Für die Lichtleistung des Lasers gibt es technische Grenzen, die hauptsächlich durch den jeweiligen Entwicklungsstand bedingt sind. Für die Anwendung in Gravitationswellendetektoren ist neben der Leistung aber auch die Stabilität der Wellenlänge (äquivalent zu der Farbe des Lichts) sowie der Amplitude des Lichts entscheidend. Hier kommen einige der weiter unten beschriebenen Regelsysteme zum Einsatz, die diese Größen stabilisieren.

Die Laser, die heute durchgängig für interferometrische Gravitationswellendetektoren verwendet werden, sind sogenannte diodengepumpte Festkörperlaser mit einer Ausgangsleistung von 25 bis 200 Watt und einer Lichtwellenlänge von 1,064 Mikrometern, also etwa dem Tausendstel eines Millimeters. Dieser nahe Infrarotbereich ist für das menschliche Auge nicht sichtbar, was die praktische Arbeit mit diesen Lasern im Vergleich zur Arbeit mit sichtbarem Licht erschwert. Der Umstieg von den früher benutzten instabileren Gaslasern zu der neuen Technologie fand erst in den 1990er Jahren statt.

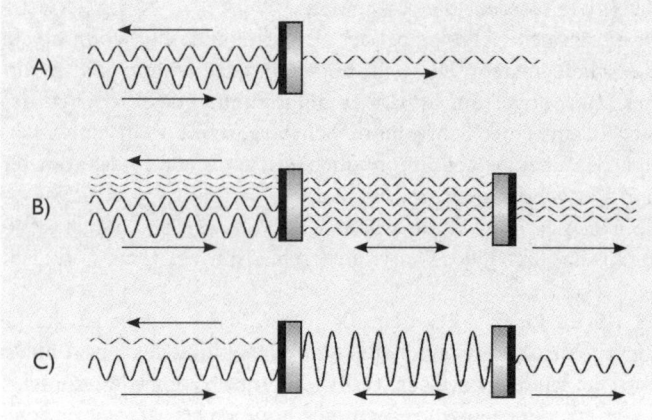

Abbildung 3.4: Funktionsweise eines Fabry-Perot-Resonators.

Zusätzlich zu möglichst leistungsstarken Lasern benutzt man aber auch Methoden zur Erhöhung der Lichtleistung im Interferometer selbst, die in der optischen Konfiguration oder der Anordnung der Spiegel ihren Ausdruck finden. Diese werden im Folgenden betrachtet, wobei die aktuelle Konfiguration der Gravitationswellen-Interferometer *Advanced LIGO* und *Advanced Virgo* dargestellt wird.

Der Fabry-Perot-Resonator. Zunächst sei der *Fabry-Perot-Resonator* betrachtet, der 1897 von den französischen Physikern Charles Fabry und Alfred Pérot entwickelt wurde. Ein Fabry-Perot-Resonator besteht aus zwei teilweise lichtdurchlässigen Spiegeln, die in einem bestimmten Abstand parallel zueinander angeordnet sind, sodass es im Raum zwischen den Spiegeln zu konstruktiver Interferenz kommen kann. Das geschieht dann, wenn eine Lichtwelle, die senkrecht auf einen Spiegel des Resonators fällt, eine Wellenlänge besitzt, deren Wellenzüge genau in den Resonator passen oder, genauer gesagt, wenn die Länge des Resonators einem Vielfachen der Wellenlänge des Lichts entspricht. Im Raum zwischen den Spiegeln kann man

auf diese Weise eine viel höhere Lichtleistung erzielen, als einge-
strahlt wird. Diese Vermehrung des Lichts verletzt nicht die Er-
haltung der Energie, sondern beruht auf einer Ansammlung
bzw. Speicherung des Lichts.

Abbildung 3.4 zeigt die Funktionsweise eines Fabry-Perot-
Resonators. Teilabbildung A zeigt zunächst nur einen Spiegel,
auf den von links eine Lichtwelle einfällt. Der Spiegel sei so
konstruiert, dass er etwa ein Drittel der Lichtwelle durchlässt
und etwa zwei Drittel reflektiert. Ausgehend von dieser Situa-
tion zeigt Abbildung B den Fall, in dem ein zweiter Spiegel hin-
zugefügt wird, der zusammen mit dem ersten Spiegel einen
Fabry-Perot-Resonator bildet. Die Wellen im Resonator, also
zwischen den beiden Spiegeln, werden nun mehrfach hin und
her reflektiert. Bei jeder Reflexion wird ein Teil der Welle durch
den jeweiligen Spiegel transmittiert. Auf der linken Seite des
Resonators haben die Wellen, die von innerhalb des Resonators
kommen, die entgegengesetzte Phase zur Welle, die direkt reflektiert wird, sodass hier teilweise destruktive Interferenz beobachtet werden kann. Abbildung C zeigt lediglich die einzelnen Wellenzüge von Abbildung B, nunmehr zu einer einzelnen
Welle aufsummiert. Im Resonator zwischen den Spiegeln erhält
man durch die konstruktive Interferenz aller Teilwellen eine
Lichtwelle mit größerer Amplitude als die der von links ein-
fallenden Welle. Dieser Effekt wird auch als resonante Über-
höhung im Fabry-Perot-Resonator bezeichnet. Je nachdem, wie
viel Licht der rechte Spiegel passieren lässt, bekommt man eine
mehr oder weniger große Lichtwelle, die den Resonator nach
rechts verlässt.

In einem Michelson-Interferometer, das für die Detektion von
Gravitationswellen optimiert ist, werden Fabry-Perot-Resonatoren im Wesentlichen in zwei Funktionen eingesetzt: Zum
einen werden bis zu vier solcher Resonator-Anordnungen
benutzt, um die Lichtmenge im Interferometer zu vergrößern,
die effektive Armlänge des Interferometers zu verlängern sowie
das Gravitationswellensignal optimal aus dem Interferometer
zu extrahieren. Zum anderen werden Fabry-Perot-Resonatoren
benutzt, um Lichtstrahlen am Eingang und Ausgang des Inter-

ferometers optisch zu reinigen oder, genauer gesagt, um Strahlen geometrisch und zeitlich zu filtern. Diese Anwendung als sogenannte Modenfilter soll hier nicht weiter betrachtet werden, sie sei aber zumindest erwähnt, um der technischen Komplexität der Gravitationswellen-Interferometer Rechnung zu tragen.

Fabry-Perot-Resonatoren erweitern das Michelson-Interferometer. Wie kann man nun mit dem Konzept von Fabry und Pérot die Lichtleistung in einem Michelson-Interferometer erhöhen? Anhand von Abbildung 3.2 wurde gezeigt, dass das Interferometer auch Licht (hier die Strahlen g und i) zurück in Richtung des Lasers schickt. Wie viel Licht zum Photodetektor und wie viel zurück zum Laser geschickt wird, hängt vom Phasenunterschied der Lichtwellen in den Armen ab. Der Operateur des Instruments hat dabei die Wahl, welchen grundsätzlichen Arbeitspunkt er wählen möchte, das heißt welchen Phasenunterschied das Licht der beiden Arme im Ruhezustand haben soll, also wenn keine Gravitationswelle den Phasenunterschied vorübergehend verändert. Ein mögliches Signal in Form einer Gravitationswelle erzeugt dann lediglich kleine Schwankungen um diesen Arbeitspunkt. Der Arbeitspunkt lässt sich so einstellen, dass das meiste Licht zurück zum Laser reflektiert wird und nur wenig Licht zum Photodetektor gelangt. Die Empfindlichkeit des Interferometers hängt im Wesentlichen nicht von diesem Arbeitspunkt ab, sondern von der Lichtmenge, die in den Armen vorhanden ist, auch wenn diese Tatsache überraschen mag und manchmal anders dargestellt wird.

Wählt man daher den Arbeitspunkt so, dass fast das gesamte Licht zum Laser zurückgeschickt wird, erscheint das Michelson-Interferometer aus der Richtung des Lasers gesehen wie ein Spiegel. Unter geschickter Verwendung dieses Spiegels kann man nun noch einen weiteren Spiegel zwischen dem Laser und dem Strahlteiler des Interferometers einfügen, sodass ein Fabry-Perot-Resonator entsteht, der es erlaubt, die zirkulierende Lichtmenge in diesem Resonator, und somit auch in den Armen des Interferometers, resonant zu erhöhen. Diese Technik wird als *Power Recycling* bezeichnet, da das Licht, das vom Interferometer in Richtung Laser läuft, nicht ungenutzt verworfen wird, sondern durch den Spiegel, der als Power-Recycling-Spiegel bezeichnet wird, erneut in Richtung Interferometer geschickt wird. Eine brillante Idee!

Mancher mag sich hier an den Versuch der Schildbürger erinnert fühlen, Sonnenlicht in Säcken oder anderen Behältern zu sammeln, um damit das Innere des Rathauses zu erhellen, bei dem der Einbau von Fenstern vergessen worden war. Anders als bei den Schildbürgern gelingt es durch die Verwendung des Power Recyclings im Gravitationswellen-Interferometer tatsächlich, Licht für etwa eine Sekunde zu speichern. Immerhin!

Eine weitere Idee ist es, Fabry-Perot-Resonatoren in den Armen des Interferometers zu benutzen. Auf diese Weise läuft das Licht mehrfach in den Armen hin und her und vergrößert so die Phasenverschiebung, die durch eine Gravitationswelle erzeugt werden kann. Dieses Konzept hat allerdings seinen Preis: Die Vergrößerung der Phase, und somit der Empfindlichkeit für Gravitationswellen, funktioniert nur bei kleinen Frequenzen von Gravitationswellen. Für schnelle Gravitationswellen ist die Umlaufzeit des Lichts in den Armen zu lang, sodass etwas vom Signal wieder verloren geht. Das Interferometer-Design muss hier einen Kompromiss finden, der sowohl die Frequenzverteilung der erwarteten Gravitationswellen als auch andere technische Randbedingungen gegeneinander abwägt. Außer der höheren Empfindlichkeit bei kleinen Frequenzen helfen Fabry-Perot-Resonatoren in den Armen aber auch dabei, im Zusammenspiel mit dem Power-Recycling-Konzept die Lichtleistung im Interferometer weiter zu erhöhen. Die heutigen großen Interferometer erreichen eine resonante Erhöhung der Lichtleistung, die vom Laser geliefert wird, um einen Faktor von etwa 5000. Dies ist nur möglich unter dem Einsatz sehr verlustarmer Spiegel, die (unter Verwendung sogenannter dielektrischer Beschichtungen) bis zu 99,999 % des Lichts reflektieren.

Fabry-Perot-Resonatoren sind *ein* möglicher Weg, den effektiven Lichtweg in den Armen zu verlängern. Historisch wurde auch eine andere Idee zu diesem Zweck verfolgt: Statt Fabry-Perot-Resonatoren in den Armen kann man auch sogenannte

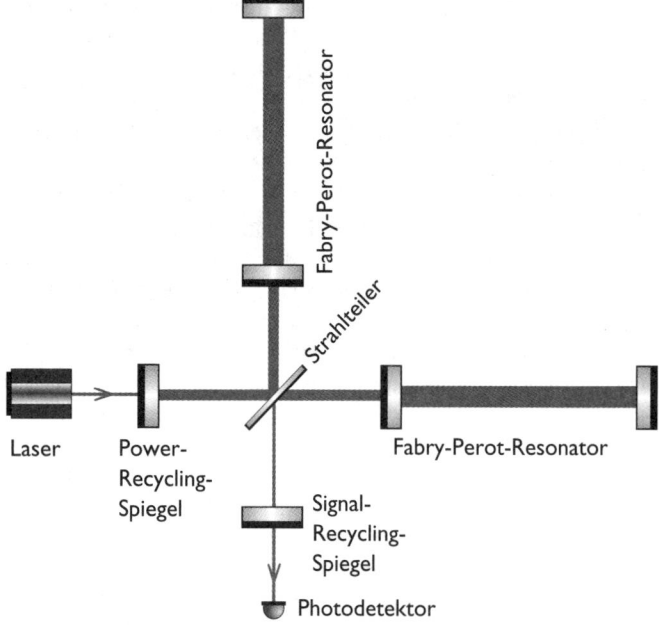

Abbildung 3.5: Durch Fabry-Perot-Resonatoren erweitertes Michelson-Interferometer.

Die Breite des dargestellten Lichtfeldes zwischen den Spiegeln symbolisiert die unterschiedliche Lichtleistung in den verschiedenen Segmenten.

delay lines (Verzögerungsleitungen) benutzen. Bei einer Delay-Line wird das Licht mehrfach in den Armen hin und her reflektiert, bevor es am Strahlteiler mit dem Licht aus dem anderen Arm überlagert wird. Im Gegensatz zum Fabry-Perot-Resonator bleiben die Strahlen dabei jedoch räumlich getrennt. Deshalb müssen die Spiegel größer sein oder man muss mehrere Spiegel für die Mehrfachreflexionen verwenden. Ein Vorteil gegenüber den Resonatoren ist, dass der Prozess des Einrastens der Resonatoren (siehe unten) entfällt.

Neben dem Power Recycling und den Resonatoren in den Armen lässt sich schließlich ein weiterer optischer Resonator mit einem Spiegel am Ausgang des Interferometers, also zwischen Strahlteiler und Photodetektor konstruieren. Dieser Resonator besteht aus dem Interferometer und diesem neuen Spiegel, ein Konzept, das als *Signal Recycling* bezeichnet wird. Die Funktionsweise des Signal Recycling ist etwas subtiler, aber man kann sagen, dass es der optimalen Extraktion des Gravitationswellensignals aus den Fabry-Perot-Resonatoren der Arme des Interferometers dient. Sind keine Resonatoren in den Armen vorhanden, dient das Signal Recycling der Signalverstärkung und hat einen ähnlichen Effekt wie sonst die Arm-Resonatoren. Zusätzlich lässt sich das Interferometer mit Signal Recycling aber auch schmalbandig betreiben. In diesem Modus ist die Empfindlichkeit in einem Band wählbarer Bandbreite größer als in den Bereichen außerhalb dieses Bandes. Die Frequenz der besten Empfindlichkeit ist dabei ebenfalls wählbar, um den Detektor zum Beispiel möglichst empfindlich für bestimmte astrophysikalische Quellen zu machen.

Abbildung 3.5 zeigt ein Michelson-Interferometer mit Power Recycling, Signal Recycling und Fabry-Perot-Resonatoren in den Armen.

Seismische Isolation. Wie erwähnt, hatten schon Michelson und Weber dafür Sorge getragen, ihre Detektoren möglichst gut von Umwelteinflüssen, insbesondere von Bodenerschütterungen, zu isolieren. In noch größerem Maße muss man das für die Spiegel eines modernen interferometrischen Gravitationswellendetektors tun, insbesondere für die Spiegel, die die Enden der Arme markieren und oft auch als *Testmassen* bezeichnet werden. Bodenbewegungen müssen zum Beispiel um Faktoren von mehr als einer Milliarde unterdrückt werden, um Abstandsänderungen zwischen den Testmassen, die mit größter Präzision ausgelesen werden, nicht zu stören. Neben dem optischen Auslesen des Phasenunterschieds zwischen den Armen ist die seismische Isolation der Testmassen eine weitere komplexe Domäne der physikalischen Wissenschaft und der Ingenieurskunst bei der Konstruktion hochsensibler Interferometer.

Bei der seismischen Isolation kommen zwei Prinzipien zum Einsatz: einerseits die Messung und aktive Unterdrückung von unerwünschten Bodenbewegungen, andererseits die Anordnung der kritischen Spiegel in Form von kaskadierten Pendeln, die eine passive Isolationstechnik darstellt. Hier sei nur die letztere Technik betrachtet.

Ein Pendel, zum Beispiel eine Masse an einem Faden, hat die interessante Eigenschaft, dass Bewegungen des oberen Fadenendes in einer bestimmten, von der Frequenz der Anregung abhängigen Form an die unten am Faden angebrachte Masse übertragen werden. Wird das obere Fadenende sehr langsam seitlich bewegt, folgt die aufgehängte Masse dieser Bewegung fast ohne Verzögerung. Geschieht die Bewegung des oberen Fadenendes aber sehr schnell, dann kann die Masse aufgrund ihrer physikalischen Trägheit nur verzögert folgen. Auf diese Weise werden Bewegungen des oberen Fadenendes bei hohen Frequenzen, also bei schnellen Bewegungen, in abgeschwächter Form an die Masse weitergegeben. Bei diesen Frequenzen ergibt sich also ein Isolationseffekt. Dieses Prinzip der Isolation der Testmassen durch Pendel wird in den derzeit betriebenen Gravitationswellendetektoren in mehreren kaskadierten Stufen ausgenutzt, wobei bis zu sieben Pendelstufen verwendet werden.

Zwischen den Fällen langsamer und schneller Bewegungen gibt es aber auch eine Frequenz, bei der die Bewegung des oberen Fadenendes zu resonant überhöhter Bewegung der Masse führt. Dieser Effekt ist für die seismische Isolation nicht erwünscht und wird im Interferometer mit technischen Mitteln aktiv unterdrückt.

Kontrolle ist notwendig! Die Unterdrückung der unerwünschten Schwingungen der Pendelstufen geschieht durch Regelkreise. In einem Regelkreis wird eine Größe eines Systems gemessen und mittels eines Aktuators Einfluss auf das System ausgeübt, um diese Größe einem erwünschten Wert anzunähern.

Ein klassisches Beispiel für einen Regelkreis ist ein Heizungsthermostat: Der Thermostat misst die Raumtemperatur, vergleicht sie mit der gewünschten Temperatur und vergrößert oder verringert die Zufuhr von Wärme in den Raum, wodurch die Raumtemperatur dem gewünschten Wert angeglichen wird. Bei den aufgehängten Pendelstufen werden die Bewegungen der Massen gemessen und mit Elektromagneten gezielt Kräfte ausgeübt, um die Massen möglichst ruhig zu halten.

Neben diesen Regelkreisen gibt es in einem interferometrischen Gravitationswellendetektor noch wesentlich komplexere Regelkreise, die benötigt werden, um den Arbeitspunkt des Michelson-Interferometers kontinuierlich einzuhalten und zum Beispiel alle Fabry-Perot-Resonatoren auf eine präzise Länge zu regeln, bei der die erwünschte konstruktive Interferenz gegeben ist. Die Kunst des Interferometer-Designs besteht unter anderem darin, Systeme zu entwickeln, mit denen man genaue Informationen über alle relevanten Spiegelpositionen bekommt, die im laufenden Betrieb mit Regelungen kontrolliert werden müssen. Damit der Prozess der Kontrolle selbst keine zu großen Störungen bewirkt, müssen alle diese Messsysteme und Regelkreise genau für die jeweils erforderliche Empfindlichkeit entwickelt werden.

Der Prozess, all diese Regelkreise in Betrieb zu nehmen, ist ebenfalls nichttrivial; die Interferometer-Teams der verschiedenen Projekte mussten erhebliche Zeit in diese Aufgabe investieren. Man spricht auch von einem *locking* des Interferometers. Die deutsche Übersetzung dafür wäre ‹einrasten›, womit zum Beispiel das Einrasten der Länge eines Resonators auf ein Vielfaches der Lichtwellenlänge gemeint ist.

Ist das Problem des *locking* für alle Resonatoren eines Interferometers einmal gelöst, wird versucht, diesen Prozess zu automatisieren und ihn der Kontrolle durch Computerprogramme zuzuführen. Nur im gelockten Zustand kann das Gravitationswellen-Interferometer sinnvolle Messdaten aufnehmen. Dieser Zustand kann aber temporär immer wieder verloren werden, zum Beispiel dann, wenn die Regelkreise nicht genügend Kraft haben, um einem externen Ereignis, wie etwa einem entfernten Erdbeben, entgegenzuwirken. Es vergeht dann einige Zeit, bis das Interferometer wieder in den gelockten Zustand gebracht werden kann.

Fast alle Regelkreise in den interferometrischen Gravitationswellendetektoren werden heutzutage in digitaler Form ausge-
führt. Dabei errechnen Computer in Echtzeit die nötigen Kon-
trollsignale, und die für diesen Prozess verwendeten Parameter
lassen sich bei laufendem System verändern. Diese Flexibilität
hat sich als unverzichtbar bei der Optimierung und dem *commissioning* (siehe Kapitel 4) der Interferometer erwiesen.

Vakuumsystem.   Neben dem Laser, dem optischen Design, den
Spiegel-Isolationsstufen und den Regelkreisen sei noch erwähnt,
dass sich ein Großteil der Komponenten des Interferometers in
einem Ultrahochvakuum befindet, in dem der übliche Um-
gebungsluftdruck um das Hundertmillardenfache reduziert ist.
Ein solches Vakuumsystem ist aus zwei Gründen notwendig:
Zum einen dient es dazu, akustische Störungen von den optischen Komponenten und insbesondere von den Testmassen
fernzuhalten. Die Vibrationen der Luftmoleküle in den Schall-
wellen würden sonst zu große Bewegungen der Testmassen her-
vorrufen. Zum anderen stellt der stark reduzierte Druck sicher,
dass nicht zu viele Luftmoleküle pro Zeiteinheit durch den
Lichtstrahl in den Armen des Interferometers laufen, denn jedes
Molekül, das den Lichtweg passiert, führt zu einer winzigen
Phasenverschiebung im Lichtstrahl.

Die Prototypen-Interferometer

Wenden wir uns nun wieder dem historischen Verlauf zu,
der Entwicklungsgeschichte der Prototypen-Interferometer zur
Messung von Gravitationswellen. Ein Prototyp-Interferometer
dient der Entwicklung der erforderlichen Techniken zum Betrieb eines Gravitationswellendetektors, wobei die Chance zu
einer tatsächlichen Detektion mit einem Prototyp von vorn-
herein sehr gering oder verschwindend klein ist. Die Einschätzung dieser Chance hängt sowohl von der Empfindlichkeit des
Interferometers als auch von der Abschätzung der Häufigkeit
und Stärke möglicher Ereignisse ab, die Gravitationswellen erzeugen.

Robert Forward am Hughes-Aircraft-Forschungslabor in Malibu, Kalifornien, ehemals Mitarbeiter in Joseph Webers Team, war der erste Wissenschaftler, der es ab 1971 unternahm, ein Interferometer als Prototyp zu bauen. Mit einer einfach gefalteten Armlänge von 4,25 Metern erreichte dieses Instrument etwa die gleiche Empfindlichkeit für Gravitationswellen wie Webers Zylinder. Doch hatte es gegenüber den Zylindern bereits den Vorteil, breitbandig empfindlich zu sein und nicht nur in einem schmalen Frequenzband um 1660 Hz. Die Weiterentwicklung dieses Instruments wurde jedoch eingestellt und Forward wandte sich einem anderen Gebiet zu.

Am Massachusetts Institute of Technology (MIT) in Cambridge bei Boston versuchte Rainer Weiss ab 1972, Forschungsmittel von der Nationalen Wissenschaftsorganisation der USA (NSF) zu bekommen, die ihm 1975 schließlich gewährt wurden. Weiss hatte am MIT zunächst Schwierigkeiten, Mitarbeiter für sein Projekt zu bekommen, da es sich um langwierige Entwicklungsarbeit handelte. Zu dieser Zeit waren die Zylinderantennen etabliert und die Zukunft der Interferometer noch ungewiss. 1975 sagte Weiss in einem Interview (zitiert nach Collins, 2004, übersetzt vom Autor): *Wir sind (am MIT) in einer Abteilung für Physik. Und ... Ingenieursarbeit wird nicht als respektable Physik angesehen. Etwas zu bauen und zu zeigen, dass es funktioniert, wie man vorhergesagt hat, aber ohne eine Messung von irgendetwas Neuem zu machen, zählt nicht wirklich als irgendeine Leistung.* Trotz dieses Hindernisses startete Weiss mit einem Prototyp von 1,5 Metern Armlänge und konnte 1981 Mittel für eine Studie zum Bau eines viel größeren Detektors mit Armlängen im Kilometer-Bereich sichern.

Die Münchner Gruppe um Heinz Billing wandte sich ab 1974 von den Zylindern zu den Interferometern und begann den Bau eines Prototyps in Laborgröße mit einer Armlänge von 3 Metern. Man verfolgte das Konzept der Delay-Lines, wobei die Strahlen jeden Arm des Interferometers bis zu 138-mal durchliefen. Dieses Interferometer war für viele Jahre weltweit führend und diente der Entwicklung grundlegender Interferometer-Techniken: Zur Vermeidung störender mechanischer Resonanzen wurde hier

Abbildung 3.6: 3-Meter-Prototyp in München.

Man erkennt die einzelnen Lichtstrahlen der Delay-Line, die für diese Aufnahme mit künstlichem Nebel sichtbar gemacht wurden.

die Idee entwickelt und realisiert, die Spiegel als Pendel auf-zuhängen (Karl Maischberger, Vater der Fernsehmoderatorin Sandra Maischberger). Neben der Erfindung des Modenfilters zur Unterdrückung störender Laserstrahlbewegungen (Albrecht Rüdiger und andere) wurde eine umfassende Theorie der Wir-kung von Streulicht entwickelt (Walter Winkler). Das oben er-läuterte Konzept des Power Recycling wurde etwa zeitgleich von der Münchner Gruppe (Roland Schilling) und von Ronald Drever (siehe weiter unten) vorgeschlagen. Abbildung 3.6 zeigt den 3-Meter-Prototyp in München.

1983 startete der Bau eines größeren und verbesserten Proto-typs mit 30 Metern Armlänge auf dem Wissenschaftscampus Garching bei München. Dieser 30-Meter-Prototyp erreichte weltweit als erste Anlage dieser Art die theoretische Grenze der Empfindlichkeit, das oben erwähnte *Schrotrauschen*, eine Tat-sache, die in der Folge für die Finanzierung des amerikanischen

LIGO-Projekts von entscheidender Bedeutung war. Ende der 80er Jahre betrug die Empfindlichkeit des Garchinger Detektors etwa 10^{-19}, ein Fortschritt von einem Faktor 1000 im Vergleich zu Webers Zylindern zwanzig Jahre zuvor, und das in einem viel weiteren Frequenzbereich. Der 30-Meter-Prototyp existierte bis zum Jahr 2002 und demonstrierte in den letzten Jahren als Erster die Kombination von Power und Signal Recycling, eine optische Konfiguration, die auch als *Dual Recycling* bezeichnet wird. Er diente ebenfalls als Testanlage für den GEO600-Detektor. Dabei wurden beispielsweise Techniken entwickelt, um die aufgehängten Spiegel während einer Messung im richtigen Winkel zu halten. Heute betreibt das Albert-Einstein-Institut in Hannover einen Prototyp mit 10 Metern Armlänge, der dem Test und der Entwicklung neuer interferometrischer Techniken dient.

In Schottland wandte sich Ronald Drever, der in Glasgow an Resonanzantennen gearbeitet hatte, ab 1975 ebenfalls der Interferometrie zu, wobei er sie zunächst zur genaueren Auslesung einer Resonanzantenne studierte. 1976 begann der Bau eines Prototyp-Interferometers mit 10 Metern Armlänge, in dem das Konzept der Fabry-Perot-Resonatoren in den Armen verfolgt wurde. Einer Einladung von Kip Thorne folgend, leitete Drever ab 1979 am Caltech in Kalifornien ebenfalls den Aufbau eines Prototyps mit 40 Metern Armlänge. Der 40-Meter-Prototyp am Caltech diente später unter anderem der Entwicklung der *locking*-Technik für Advanced LIGO. Nachdem Drever 1983 dauerhaft zum Caltech gewechselt war, übernahm Jim Hough in Glasgow die Leitung des 10-Meter-Prototyps. In der Folge entwickelte die Glasgower Gruppe unter anderem das Konzept des Signal Recycling (Brian Meers), das später am 30-Meter-Prototyp in Garching und am GEO600-Detektor realisiert wurde.

Wir haben bis jetzt die historisch frühen und wichtigen Prototypen betrachtet. Eine weitere Anlage sei hier noch erwähnt: Das Australian International Gravitational Observatory (AIGO) nördlich von Perth. Ursprünglich war hier der Bau eines Interferometers mit kilometerlangen Armen geplant, doch konnten

Mittel dafür trotz mehrfacher Bemühungen nicht gewonnen werden. AIGO ist derzeit ein Prototyp mit 80 Metern Armlänge, der unter anderem zum Test hoher Lichtleistung in Interferometern benutzt wird.

Die generellen Schwierigkeiten bei der Arbeit auf diesem Gebiet illustriert ein Zitat von Heinz Billing, der 1977 in der Zeitschrift *Physik in unserer Zeit* schrieb: *Die Entwickler der ‹neuen› Gravitationswellenantennen haben sich zweifelsohne ein sehr interessantes, aber auch sehr schwer erreichbares Ziel gesteckt. Ob man es erreichen kann, werden die laufenden Vorversuche in wenigen Jahren zeigen. Ob man es erreichen wird, hängt dann aber nicht zuletzt von der Bereitschaft ab, die nötigen, sicher nicht unbeträchtlichen Mittel für solch ein Grundlagenexperiment zur Verfügung zu stellen, das zunächst nur den menschlichen Erkenntnisdrang befriedigt.*

4. Interferometer rund um die Welt

Nachdem mit den Prototypen der Laser-Interferometer Erfahrungen gewonnen und neue Techniken entwickelt worden waren, begannen Mitte der 1980er Jahre Gruppen in den USA, Großbritannien und Deutschland sowie etwas später in Frankreich und Italien, Forschungsmittel für Anlagen in Kilometer-Größe zu beantragen. Es wurden Summen der Größenordnung von hundert Millionen US-Dollar oder D-Mark benötigt, wenn man Anlagen bauen wollte, die zumindest eine geringe Chance hatten, jemals Gravitationswellen zu messen. Anders als die Beschleuniger-Technik in der Teilchenphysik (zum Beispiel der *Large Hadron Collider* am CERN), war die Interferometer-Technik aber noch keine reife Wissenschaft, sodass eine beträchtliche Ungewissheit blieb, ob und wie gut solche großen Anlagen funktionieren würden. Man musste also bereit sein, ein gewisses Risiko einzugehen.

LIGO

Durch die Initiative von Rainer Weiss, Kip Thorne und anderen Wissenschaftlern entstand 1984 das Projekt LIGO (Laser Interferometer Gravitational-Wave Observatory), getragen von den Forschungsinstituten Caltech und MIT. LIGO wurde in den ersten Jahren von Drever, Thorne und Weiss gemeinsam geleitet, jedoch hielt diese Konstellation nur drei Jahre, da alle Entscheidungen im Konsens gefunden werden mussten und Drever und Weiss in technischen Fragen oft verschiedener Ansicht waren. 1987 drängte die NSF auf die Leitung durch einen einzelnen Direktor, die von Rochus Vogt übernommen wurde, und das LIGO-Projekt machte nun schneller Fortschritte. So entschied Vogt zum Beispiel, die effektive Weglänge der Arme mit der von Drever vorgeschlagenen Methode der Fabry-Perot-Resonatoren in den Armen zu vergrößern und nicht mit der von Weiss favorisierten Delay-Line-Technik.

1989 stellten die LIGO-Wissenschaftler einen Finanzierungsantrag bei der NSF, in dem Anlagen mit jeweils vier Kilometer langen Armen an zwei Standorten in den USA vorgeschlagen wurden. Die Infrastruktur, bestehend aus Gebäuden und dem Vakuumsystem, sollte für verschiedene Generationen von Interferometern nutzbar sein. Aufgrund der erwähnten Ungewissheit der Interferometer-Technik auf der neuen Größenskala schlugen die Wissenschaftler vor, das erste einzubauende Interferometer (LIGO I, später umbenannt zu *Initial LIGO*) technisch eher konservativ zu halten, weil ihnen das größere Erfolgsaussichten zu haben schien. Unter anderem entschied man sich dafür, die Testmassen für Initial LIGO nur als einfache Pendelstufen aufzuhängen, obwohl die Gruppen in Europa bereits an der Entwicklung von Mehrfachpendeln arbeiteten. Mit dieser Wahl war klar, dass Initial LIGO nur eine kleine Chance hatte, jemals Gravitationswellen zu messen, und man plante deshalb, Initial LIGO später durch ein technisch fortgeschrittenes Interferometer (Advanced LIGO) zu ersetzen, das die gleiche Infrastruktur benutzen würde.

Die Diskussionen um eine mögliche Finanzierung von LIGO zogen sich über eine lange Zeit hin. Es gab zum Teil erheblichen Widerstand gegen LIGO, insbesondere von Astronomen, die Einbußen für ihre Budgets befürchteten und von der Tatsache irritiert waren, dass sich LIGO als ein Observatorium bezeichnete. Für einen Astronomen sollte ein Observatorium auch etwas beobachten, doch war es für die erste Ausbaustufe von LIGO eher unwahrscheinlich, Gravitationswellen zu detektieren. Schließlich wurde die Finanzierung von LIGO 1992 im notwendigen Rahmen zugesagt, wobei der US-Kongress zusätzliche Mittel zur Verfügung stellte, sodass die National Science Foundation andere Projekte nicht zu sehr beschneiden musste.

1994 übernahmen Barry Barish und sein Projektmanager Gary Sanders die Leitung von LIGO. Beide hatten Erfahrung mit großen Projekten in der Teilchenphysik und führten einen strikteren Management-Stil ein. Denn schließlich war der Schritt von

Abbildung 4.1: LIGO in Livingston, Louisiana.

den Prototypen-Interferometern hin zu den etwa hundertmal größeren Anlagen zugleich ein Schritt von Labor-orientierter Forschung zum Betrieb von Großforschungsanlagen, und die beteiligten Wissenschaftler mussten einen Teil der Kontrolle über das Projekt abgeben. In der Zeit von Barishs Leitung wurde 1997 auch die *LIGO Scientific Collaboration* (LSC) gegründet, die das LIGO-Projekt für nationale und internationale Kollaborationen öffnete. Das war unter anderem notwendig, um die Expertise anderer Gruppen für die Entwicklung des Advanced-LIGO-Interferometers in das Projekt einzubringen.

1992 wählte die NSF die Städte Hanford (im Bundesstaat Washington) und Livingston (Louisiana) als Standorte für die beiden LIGO-Detektoren aus. Nach rein wissenschaftlichen Kriterien war Livingston nicht unbedingt ein idealer Ort, da der Untergrund feucht ist und im Durchschnitt mehr Bodenbewegungen verzeichnet als andere mögliche Standorte. Doch spielen bei Projekten dieser Größenordnung nicht nur wissenschaftliche, sondern auch politische Faktoren eine Rolle, und Politiker verfolgen mit der Ansiedlung eines großen Wissenschaftsprojekts in ihrem Bundesstaat oft eigene Interessen.

Der Bau der Gebäude und der Vakuumsysteme von LIGO begann 1994. Für die Konstruktion der beiden jeweils vier Kilometer langen Edelstahl-Röhren dieses größten Ultra-Hochvakuum-Systems der Welt wurde an den beiden Standorten nacheinander eine eigene fabrikähnliche Anlage von der Firma CB&I errichtet, in der Stahl von Rollen zu Röhren von 1,2 Metern Durchmesser verschweißt wurde. Eine beeindruckende Ingenieursleistung, die 1998 erfolgreich beendet war. Abbildung 4.1 zeigt eine Luftaufnahme von LIGO in Louisiana im Jahr 2015.

Die ersten Interferometer, Initial LIGO, die in die Infrastrukturen eingebaut wurden, umfassten ein Michelson-Interferometer mit Fabry-Perot-Resonatoren in den Armen sowie Power Recycling, wobei die Spiegel, wie erwähnt, als einfache Pendelstufen aufgehängt waren. Neben den beiden in Hanford und Livingston errichteten Interferometern mit jeweils vier Kilometern Armlänge bekam Hanford zusätzlich ein Interferometer mit halber Armlänge im gleichen Vakuumsystem. Nach einer knapp dreijährigen Installationsphase konnte das 2-km-Interferometer in Hanford 2001 erstmals in den gelockten Zustand gebracht werden, eine Arbeit, die ihrerseits mehrere Monate in Anspruch nahm.

Commissioning. An dieser Stelle sei, beispielhaft für alle Interferometer, der Prozess des *commissioning* kurz dargestellt, der sich am ehesten als *Inbetriebnahme* übersetzen lässt. Ein großes Interferometer ist ein kompliziertes System, bestehend aus vielen Teilsystemen, von denen die wichtigsten bereits erwähnt worden sind: Laser, optische Konfiguration, seismische Isolationssysteme, Kontrollsysteme und das Vakuumsystem. *Commissioning* in einem allgemeinen Sinn beschreibt den Vorgang der Inbetriebnahme eines technischen Systems einschließlich der Suche nach möglichen Fehlern und Wegen zu deren Beseitigung. Alle Teilsysteme des Interferometers unterliegen diesem Prozess zu einem gewissen Grad bei ihrer erstmaligen Einrichtung. Das *commissioning* im engeren Sinne umfasst dann die Untersuchung und Optimierung aller Teilsysteme des Interferometers in ihrem Zusammenspiel, da manche unerwünschte Eigenschaften der Systeme erst bei ihrem gemeinsamen Betrieb entdeckt werden können.

Der erste Schritt beim *commissioning* ist die Arbeit, das Interferometer in den gelockten Zustand zu bringen, das (bereits in Kapitel 3 erwähnte) *locking*. Das Problem dabei ist, dass die Signale, die man benötigt, um alle Spiegel mittels Regelkreisen an den gewünschten Positionen zu halten, nur in einem kleinen Bereich um diese Positionen herum tatsächlich existieren. Zu Beginn dieses Prozesses ist man sozusagen weitgehend blind für die aktuellen, eher zufälligen Spiegelpositionen, und muss spezielle Methoden entwickeln, die die notwendigen Signale für den Zweck des *locking* liefern. Zum Beispiel kann man zusätzliche Laser installieren, mit deren Hilfe man Signale für die Spiegelpositionen in einem großen Bereich erhält, die aber nicht gut genug wären, um damit das Gravitationswellensignal auszulesen.

Nachdem der gelockte Zustand immer wieder zuverlässig erreicht werden kann, beginnt die Arbeit der Analyse und Verbesserung der Empfindlichkeit des Interferometers, die den zweiten Schritt des *commissioning* darstellt. Da die zu messenden Weglängenunterschiede der Arme extrem klein sind, ist das Gesamtsystem anfällig für Störungen und Rauschquellen verschiedenster Art. Ein typischer Zyklus beim *commissioning* besteht deshalb aus der Messung der Empfindlichkeit des Interferometers und der Analyse, welche Teilsysteme jeweils die Empfindlichkeit bei einer bestimmten Frequenz begrenzen. Diese Arbeit hat oft den Charakter einer Detektivarbeit, bei der verschiedene Hypothesen erstellt und getestet werden müssen. Ist die Ursache einer Begrenzung der Empfindlichkeit identifiziert, versucht man, sie zu beseitigen oder zumindest zu verringern. Als Beispiel für eine störende Rauschquelle, die beim *commissioning* von Initial LIGO erkannt und beseitigt wurde, seien Fluktuationen der Frequenz eines Oszillators genannt, der für die Generierung der zur Kontrolle der Spiegel benötigten Signale verwendet wurde. Fluktuationen der Oszillatorfrequenz können auf verschiedenen Wegen in das Längensignal des Interferometers einkoppeln.

Im Prinzip sind diese Kopplungen berechenbar, aber nicht immer stehen die für diese Berechnungen nötigen Informationen zur Verfügung oder es werden manchmal neue Kopplungspfade entdeckt, die noch nicht einkalkuliert waren. Zur Verringerung des Rauschbeitrags in diesem Beispiel wurde der ursprüngliche Oszillator durch einen stabileren, speziell für diesen Zweck hergestellten Quarz-Oszillator ersetzt.

Ist eine Rauschquelle beseitigt oder verringert, beginnt der Zyklus der Analyse und Verbesserung von vorn, bis die Empfindlichkeit des Interferometers zuletzt das berechnete Ziel erreicht hat, das wiederum von Rauschquellen limitiert ist, die als fundamentaler bezeichnet werden können. Diese fundamentalen Rauschquellen sind inhärent mit dem Design des Interferometers und seinen Teilsystemen verbunden, sodass weitere Verbesserungen der Empfindlichkeit dann nur noch mit erheblichen Veränderungen oder einem kompletten Austausch des Interferometers erreicht werden können.

Nach mehrjährigem *commissioning* erreichte Initial LIGO die angestrebte Empfindlichkeit etwa im Jahr 2005. Zwischen 2002 und 2010 wurden insgesamt sechs Datenläufe durchgeführt, die von einigen Wochen bis zu mehr als zwei Jahren dauerten. In einem Datenlauf wird das Ziel verfolgt, das Interferometer möglichst lange in dem für Gravitationswellen empfindlichen Zustand zu halten. *Commissioning* findet in dieser Zeit nicht oder nur sehr reduziert statt, und man versucht, möglichst keine Veränderungen am Interferometer vorzunehmen, um die Charakteristik der gesammelten Daten homogen zu halten.

Zwischen den Datenläufen wurde in *commissioning*-Phasen die Empfindlichkeit der Detektoren teilweise weiter erhöht und erreichte 2010 einen Wert von etwa $2 * 10^{-23}$ bei 200 Hz. Da dies nur eine Aussage bei *einer* Frequenz (nämlich bei 200 Hz) ist, wird auch ein anderes Maß für die Empfindlichkeit verwendet, das größere Teile des Frequenzspektrums berücksichtigt. Zu diesem Zweck wird das berechnete Gravitationswellensignal zweier verschmelzender Neutronensterne benutzt (siehe Kapitel 5), und man gibt an, bis zu welcher Entfernung ein solches Signal von einem Interferometer mit einem gegebenen Empfindlichkeitsspektrum detektiert werden könnte. LIGO erreichte 2010 eine über alle Richtungen gemittelte Reichweite von etwa 20 Mega-Parsec (Mpc) für diese Art der Quelle. Ein Mega-Parsec entspricht dabei einer Entfernung von etwa 3,3 Millionen Lichtjahren.

Advanced LIGO. Die Forschungs- und Entwicklungsarbeit an Advanced LIGO – dem Interferometer, das Initial LIGO ersetzen sollte – begann etwa 2004. Hieran waren neben australischen insbesondere auch Wissenschaftler der GEO-Kollaboration aus Großbritannien und Deutschland beteiligt.

Das Advanced-LIGO-Interferometer benutzt mehrere technische Verbesserungen gegenüber Initial LIGO: einen stärkeren und hochstabilen Laser mit einer Lichtleistung von 200 Watt (ein direkter Beitrag des Max-Planck-Instituts für Gravitationsphysik in Hannover), eine aktive seismische Vor-Isolation der Pendelaufhängungen, Vierfachpendel für die seismische Isolation der Testmassen, größere (40 kg schwere) Testmassen, die an Glasfasern aufgehängt sind, elektrostatische Aktuatoren sowie Signal Recycling. Mit Ausnahme der aktiven Vor-Isolation sind dies alles Techniken, die in der GEO-Kollaboration in Großbritannien und Deutschland entwickelt und teilweise am GEO600-Detektor (siehe unten in diesem Kapitel) getestet wurden.

Die Finanzierung war 2008 endgültig gesichert: Das Advanced-LIGO-Projekt bekam 200 Millionen Dollar für drei Interferometer, jeweils eines für die existierenden Infrastrukturen in Hanford und Livingston sowie für ein drittes Interferometer, das ebenfalls in die Infrastruktur in Hanford eingebaut werden sollte. Später änderte man diesen Plan mit dem Ziel, das dritte Interferometer in einem anderen Land zu errichten. Zunächst war Australien interessiert, eine Infrastruktur für das dritte Interferometer bereitzustellen, doch entschied man sich dort 2011 für einen Standort des Radioteleskop-Projekts *Square Kilometre Array*, sodass eine Finanzierung für ein großes Interferometer nicht zustande kam. Inzwischen zeichnet sich Indien als dritter Standort eines Advanced-LIGO-Detektors ab, der den Namen *LIGO-India* bekommen hat.

Der Aufbau der beiden Advanced-LIGO-Interferometer unter der Projektleitung von David Shoemaker benötigte etwa vier Jahre und war 2014 beendet, womit die Phase des *commissioning* begann. Durch die Erfahrungen mit der ersten Generation der Interferometer waren die Fortschritte bei der Verbesserung der Empfindlichkeit oberhalb der mittleren Frequenzen von ca. 100 Hertz deutlich schneller als bei Initial LIGO. Im tieferen Frequenzbereich unterhalb 100 Hertz, der durch die neuen Vierfachaufhängungen erschlossen wurde, ging es jedoch langsamer voran. Hier galt es nun, andere Störquellen zu beseitigen, wie zum Beispiel unerwünschte elektrische Ladungen auf den Testmassen, die mit elektromagnetischen Feldern der Umgebung in Wechselwirkung traten. Ein weiteres Problem bei tiefen Frequenzen ist das im vorigen Kapitel erwähnte Streulicht, das von winzigen Unebenheiten auf den Oberflächen der Testmassen erzeugt werden kann. Findet dieses vagabundierende Licht auf Umwegen wieder in den Hauptstrahl des Interferometers, fügt es dort eine geringe störende Phasenverschiebung ein. Ein zusätzlicher Effekt des Streulichts besteht in einem direkten Einfluss auf die Testmassen durch den Strahlungsdruck dieses Lichts. Die Testmassen können dabei vom Streulicht um einen winzigen Betrag angestoßen werden – ein Effekt, der wiederum die Messung von Gravitationswellen stören kann.

Insgesamt strebt Advanced LIGO eine Verbesserung der Empfindlichkeit um den Faktor 10 gegenüber Initial LIGO an. Etwa ein Drittel dieser Verbesserung, also eine Steigerung der Empfindlichkeit um etwa den Faktor 3, wurde von beiden Advanced-LIGO-Detektoren zu Beginn ihres ersten Datenlaufs im September 2015 erreicht, eine Reichweite von etwa 60 Mpc für Binärsysteme verschmelzender Neutronensterne.

Virgo

Der französische Physiker Alain Brillet war seit Ende der 70er Jahre an der Detektion von Gravitationswellen interessiert und hatte unter anderem 1980 und 1981 Rainer Weiss am MIT besucht. Adalberto Giazotto arbeitete an der Universität Pisa

Mitte der 80er Jahre an mehrstufigen seismischen Isolationssystemen mit der Idee, diese für Gravitationswellendetektoren zu nutzen. Beide Wissenschaftler trafen sich 1985 auf einer Konferenz in Rom und beschlossen eine Zusammenarbeit mit dem Ziel, ein großes Interferometer zu bauen. Eine Kollaboration mit der deutschen Gruppe in Garching kam nicht zustande, da die Leitung der Interferometrie-Gruppe in Deutschland davon ausging, dass ihr eigenes Projekt bald genehmigt werden würde, wobei eine Kollaboration eine Verzögerung verursachen könnte. Somit starteten Brillet und Giazotto ihr eigenes Projekt: *Virgo*. Mit dieser Namenswahl brachte man das Ziel oder die Hoffnung zum Ausdruck, mit dem Virgo-Interferometer Gravitationswellen von astronomischen Objekten aus dem Virgo-Haufen messen zu können, dem mit fünfzig Millionen Lichtjahren der Erde am nächsten gelegenen großen Galaxienhaufen.

Die französische Wissenschaftsorganisation CNRS hatte zunächst keine Mittel für das Projekt bereitgestellt. Im Jahr 1989 stießen aber zwei weitere italienische Gruppen (Frascati und Neapel) zu Virgo. Es wurde ein neuer Antrag beim CNRS und nun auch bei der italienischen Wissenschaftsorganisation INFN eingereicht, die das Projekt schließlich in den Jahren 1993 bzw. 1994 genehmigten. Als Standort für das Virgo-Interferometer wurde Cascina in der Nähe von Pisa in der Toskana gewählt.

Der Standort von Virgo ist (wie im Fall von Livingston/Louisiana) nicht ideal: Zunächst nahm es einige Zeit in Anspruch, das benötigte Land zu erwerben, das auf fast fünfzig Einzelbesitzer verteilt war. Nach der Fertigstellung erwies sich das Hauptgebäude des Virgo-Interferometers als anfällig für Wassereinbrüche; der weiche Untergrund führte zu einem langsamen Einsinken der Arme des Interferometers, nicht unähnlich dem Phänomen, das dem Schiefen Turm von Pisa zu schaffen macht. Mittels hydraulischer Pressen, die auf die gesamte Armlänge verteilt sind, wird bei Virgo dem Einsinken gezielt entgegengewirkt.

Viele Wissenschaftler des Virgo-Projekts kamen aus der Hochenergiephysik und hatten bisher keine Erfahrung mit Interferometrie. Dennoch entschied man sich, keinen Prototyp zu

bauen, sondern die notwendigen Techniken an Virgo selbst zu
entwickeln, um so möglicherweise schneller Fortschritte zu erzielen. Virgo ist als Kollaboration weniger hierarchisch organi-
siert als LIGO, da viele einzelne Universitätsgruppen beteiligt
sind, eine Tatsache, die ein striktes Projektmanagement er-
schwerte. Von 1996 bis 1999 gab es keine einheitliche Projektleitung, wodurch die koordinierte Konstruktion von Virgo verzögert wurde. Das führte unter anderem zur Gründung des
Konsortiums EGO (European Gravitational Observatory) im
Jahr 2000, das die Aufgabe bekam, die Konstruktion, Opera-
tion und Planung von Verbesserungen des Interferometers zu
übernehmen.

Wie bereits LIGO wählte auch Virgo die optische Konfiguration mit Fabry-Perot-Resonatoren in den Armen des Michelson-
Interferometers sowie die Erhöhung der Lichtleistung mittels
Power Recycling. Von Beginn an setzten die Wissenschaftler
aber auf das von Giazotto vorgeschlagene ambitionierte seismische Isolationssystem der Testmassen, bestehend aus sieben kaskadierten Pendelstufen, die zusammen einen acht Meter hohen
Turm bilden. Diese als *Super-Attenuator* bezeichnete Konstruktion sollte es ermöglichen, schon in der ersten Ausbaustufe des
Interferometers bei niedrigen Frequenzen (bis hinunter zu etwa
10 Hertz) deutlich empfindlicher zu sein als andere Projekte.
Die Entscheidung für einen so großen technologischen Schritt
war aber auch ein Grund dafür, dass das Projekt nicht sehr
schnell voranschritt. Trotz der erwähnten Handicaps konnte
das Interferometer jedoch im Jahr 2003 fertiggestellt werden,
womit die Arbeit des *commissioning* begann. Gemeinsame Datenläufe mit LIGO fanden von 2007 bis 2010 statt. Dann, nach
einem letzten Datenlauf zusammen mit dem GEO-Interferometer
im Jahr 2011, wurde das Virgo-Interferometer der ersten Generation abgeschaltet, um Platz für Advanced Virgo zu machen.

Zur Virgo-Kollaboration gehören heute (2017) neben Institu-
ten in den Gründungsländern Italien und Frankreich auch Institute in den Niederlanden (Nikhef, Beitritt 2006), Polen und Un-
garn (Beitritt 2010) sowie Spanien (Beitritt 2016).

Abbildung 4.2: Advanced-Virgo-Strahlteiler am unteren Ende
eines Super-Attenuators.

Der Strahlteiler in der Mitte des Bildes ist von einem Metallschirm umrahmt, der der Absorption von Streulicht dient. Da alle optischen Komponenten in den Vakuumkammern extrem sauber gehalten werden müssen, trägt der Wissenschaftler rechts im Bild einen Reinraumanzug.

Advanced Virgo. Advanced Virgo ist der Name für ein neues Interferometer der zweiten Generation, das (wie bei LIGO) eine etwa zehnfache Verbesserung der Empfindlichkeit gegenüber der ersten Gerätegeneration anstrebt. Das Advanced-Virgo-Projekt wurde Ende 2009, fast zwei Jahre nach Advanced LIGO, genehmigt und hat mit etwa 20 Millionen Euro ein deutlich kleineres Budget. Das führte unter anderem dazu, dass man eine etwas riskantere optische Konfiguration wählen musste, die es theoretisch schwieriger macht, das Interferometer mit hoher Lichtleistung zu betreiben.

Advanced Virgo enthält eine ähnliche Liste von Verbesserungen wie Advanced LIGO, jedoch wird die seismische Isolation durch die Super-Attenuatoren im Wesentlichen beibehalten. Um Kräfte auf die Testmassen auszuüben, benutzt Virgo keine elektrostatischen Aktuatoren, sondern kleine Magnete, die auf die Testmassen geklebt werden und auf die man Kräfte mit Elektromagneten ausübt. In der ersten Ausbaustufe läuft Advanced Virgo ohne Signal Recycling, um durch diese geringere Komplexität einen etwas schnelleren Fortschritt beim *locking* zu erzielen. Das Advanced-Virgo-Interferometer konnte Ende 2016 erstmals in den gelockten Zustand gebracht werden, und nach einer *commissioning*-Phase nahm Advanced Virgo im Sommer 2017 an der letzten Phase des zweiten Datenlaufs (O2) von Advanced LIGO teil. Trotz des bis zu diesem Zeitpunkt nur kurzen *commissioning* war die Empfindlichkeit von Advanced Virgo dabei bereits besser als diejenige der ersten Virgo-Generation. Im August 2017 wurde eine Reichweite von 26 Mpc für Binärsysteme verschmelzender Neutronensterne erreicht.

Um einen Eindruck von der Größe und Komplexität der Optiken zu vermitteln, zeigt Abbildung 4.2 eine Aufnahme des Strahlteilers von Advanced Virgo.

GEO

Beflügelt von den Fortschritten und Erkenntnissen, die an den Prototypen in München und Garching erzielt wurden, versuchten die deutschen Gravitationswellenforscher ab 1985, Mittel für einen Detektor mit drei Kilometern Armlänge zu erhalten. Die deutschen Forschungsförderungsorganisationen waren jedoch nicht ausreichend an dem Projekt interessiert. Eine ähnliche Entwicklung gab es in Großbritannien, wo der von den Wissenschaftlern um Jim Hough 1986 eingereichte Antrag für Mittel zum Bau eines großen Interferometers ebenfalls abgelehnt wurde.

In den folgenden Jahren schlossen sich die beiden Gruppen zu der GEO-Kollaboration zusammen und es kam 1989 zu einem deutsch-britischen Forschungsantrag, an dem sich außer den experimentellen Zentren Garching und Glasgow auch Gruppen aus Cardiff, Hannover, Oxford und Braunschweig beteiligten. In dem 1989 beim damaligen Bundesministerium für Forschung und Technologie (BMFT) sowie dem britischen Science and Engineering Research Council (SERC) eingereichten Antrag wurde der Bau eines Interferometers mit 3 Kilometern Armlänge im Harz vorgeschlagen oder alternativ eine Anlage mit 2,6 Kilometern Armlänge in Schottland. Die Kosten wurden auf knapp 90 Millionen D-Mark geschätzt. Trotz positiver Begutachtung wurde das Projekt von beiden Behörden aber schließlich abgelehnt. In den Nachwehen der deutschen Wiedervereinigung gehörte GEO nicht gerade zu den ersten Prioritäten der deutschen Wissenschaftspolitik.

Nach dieser Enttäuschung fasste Karsten Danzmann, der Ende 1989 die Leitung der Garchinger Max-Planck-Gruppe übernommen hatte, den Plan, eine wesentlich kleinere und somit günstigere Anlage zu bauen: GEO600. Der deutsch-britische GEO600-Detektor sollte dank ambitionierter Technik zumindest in einem Teil des Frequenzbandes mit den größeren Anlagen konkurrenzfähig sein. Nach Bereitstellung eines geeigneten Grundstücks durch die Universität Hannover und das Land Niedersachsen in Ruthe bei Sarstedt südlich von Hannover entstand GEO600 mit einer Armlänge von 600 Metern. Finanziert wurde das Projekt von deutscher Seite durch die Max-Planck-Gesellschaft, die Volkswagen-Stiftung und das Land Niedersachsen sowie von britischer Seite durch das PPARC (Particle Physics and Astronomy Research Council). Die Konstruktion von GEO600 begann im September 1995 unter der Leitung von Karsten Danzmann, der 1993 eine Professur in Hannover angenommen hatte und 2002 auch Direktor am Max-Planck-Institut für Gravitationsphysik (Abteilung Laserinterferometrie und Gravitationswellenastronomie) in Hannover wurde. Große Teile der Infrastruktur des Detektors wurden im Eigenbau von den Wissenschaftlern und studentischen Hilfskräften erstellt. Eine innovative Bauart der 600 Meter langen Vakuumröhren, aber auch eine Konzentration auf das Nötigste bei den Gebäuden, ermöglichte die Einsparung von Material und Kosten bei der Infrastruktur.

Die optische Konfiguration von GEO600 besteht aus einem Michelson-Interferometer mit Dual Recycling, der Kombination von Power und Signal Recycling. Auf Fabry-Perot-Resonatoren in den Armen wurde bei GEO verzichtet. Die Kombination von Arm-Resonatoren *und* Dual Recycling war noch nicht an Prototypen getestet worden und erschien bei der Konzeption von GEO600 als zu schwierig, weshalb auch bei Initial LIGO auf diese Variante verzichtet worden war. Statt der Arm-Resonatoren nutzt GEO600 eine einfache Faltung der Arme (eine Delay-Line mit einem zusätzlichen Spiegel in jedem Arm), um die effektive Weglänge zu verdoppeln. Von 2003 bis 2009 wurde GEO600 in einem moderat schmalbandigen Modus von Signal Recycling betrieben, wozu unter anderem neue *locking*-Techniken und Techniken zur Winkeleinstellung der Spiegel entwickelt wurden.

GEO600 verwendete von Beginn an Dreifach-Pendelaufhängungen und seit 2003 Glasfasern zur Aufhängung aller Testmassen in den untersten Pendelstufen. Im Vergleich zu den herkömmlichen Stahldrähten führen Glasfasern zu geringerer Dämpfung der untersten Pendelstufe, wodurch das thermische Rauschen im Messbereich des Interferometers verringert wird. Elektrostatische Aktuatoren, bei denen das Aufkleben von Magneten auf die Testmassen vermieden werden kann, waren das Mittel der Wahl, um Kräfte auf die Testmassen auszuüben. Der Routinebetrieb dieser Innovationen bei GEO600 förderte das Vertrauen in diese Techniken, und so wurde die dreifache Pendelaufhängung inklusive Glasfasern und elektrostatischen Aktuatoren von der GEO-Kollaboration zur vierstufigen Aufhängung der Testmassen für Advanced LIGO weiterentwickelt.

Von 2002 bis 2010 nahm GEO600 an gemeinsamen Datenläufen mit LIGO und Virgo teil, auch wenn die Empfindlichkeit von GEO600, hauptsächlich aufgrund der siebenmal kürzeren Arme, nicht diejenige von LIGO erreichte. Ein weiterer Grund war die Herausforderung, das Interferometer mit hoher Lichtleistung zu betreiben: Ohne Fabry-Perot-Resonatoren in den

Armen muss die gesamte Lichtleistung den Strahlteiler passieren. Dabei wird unweigerlich ein kleiner Anteil des Lichts vom Glas des Strahlteilers absorbiert, was wiederum zu einem leichten Linseneffekt in einem Arm des Interferometers führt. Aufgrund dieses Effekts können die zurückkehrenden Strahlen aus beiden Armen nicht mehr so gut zur destruktiven Interferenz gebracht werden: Der Kontrast des Interferometers nimmt dementsprechend ab. Dadurch kann man sich eine Vielzahl von Problemen einhandeln: Das Power Recycling funktioniert weniger gut, es gibt mehr Streulicht im Interferometer und die zur Kontrolle der Spiegel benötigten Sensorsysteme können gestört werden. Dieser thermische Effekt durch Absorption von Licht stellt eine technische Begrenzung der Lichtleistung in allen Interferometern dar. Mit Hilfe innovativer Techniken, zum Beispiel des gezielten Heizens bestimmter Bereiche des Strahlteilers oder der Testmassen, wird das Problem bei GEO600 verringert.

Anders als für LIGO und Virgo wurde für GEO600 kein kompletter Neubau des Interferometers zu einer zweiten Generation geplant. Stattdessen fiel die Wahl 2008 auf eine inkrementelle Aufrüstung, bei der abermals neue Techniken getestet werden sollten, der Detektor aber gleichzeitig von 2010 bis 2015 über weite Strecken als einziges Interferometer im Messzustand verblieb. Auf diese Weise wurde in der Kollaboration das Risiko minimiert, ein mögliches kosmisches Ereignis großer Stärke zu verpassen, solange LIGO und Virgo aufgrund des Einbaus der zweiten Interferometer-Generation keine Messungen vornehmen konnten. Im Zeitraum von 2010 bis 2017 hat GEO600 im Durchschnitt zu zwei Dritteln der Zeit Daten aufgezeichnet. Ein hoher Grad an Automatisierung des Interferometers sorgt dafür, dass ein solch intensiver Messbetrieb auch mit einem kleinen Team bewerkstelligt werden kann.

Die wichtigste Aufrüstung für GEO600 war die Anwendung des sogenannten *gequetschten Vakuums* ab 2010, eine Technik, mit der sich das Schrotrauschen verringern lässt. Mit einem moderneren Bild aus der Quantentheorie kann man das Schrotrauschen auch anders deuten als in Kapitel 3 geschehen: Die Tatsache, dass es gemäß der Quantentheorie keinen Zustand

Abbildung 4.3: Ein Blick in das zentrale Experimentiergebäude von GEO600.
Auf dem Tisch im Vordergrund befindet sich der Aufbau, mit dem das gequetschte Vakuum erzeugt wird. Im Hintergrund sieht man einige der zentralen Vakuumgefäße von GEO600, in denen sich die als Pendel aufgehängten Spiegel und Testmassen befinden.

absoluter Energielosigkeit gibt, führt auf die sogenannten *Vakuumfluktuationen*. Jedes elektromagnetische Feld unterliegt diesen Schwankungen, und bei der Detektion eines Lichtstrahls kommt es zur Interferenz der elektromagnetischen Vakuumfluktuationen mit dem elektromagnetischen Feld der zu detektierenden Lichtwelle. Gelingt es mit raffinierten technischen Mitteln (zum Beispiel unter Benutzung nichtlinearer optischer Kristalle), die Vakuumfluktuationen zu verringern – ein Zustand, der als gequetschtes Vakuum bezeichnet wird –, so kann man das Schrotrauschen bei der Detektion des Lichts ebenfalls verringern.

Die Anwendung des gequetschten Vakuums zur Verbesserung von Gravitationswellendetektoren wurde bereits 1981 von Carlton Caves vorgeschlagen, doch erforderte es jahrzehntelange Laborarbeit von Gruppen in Deutschland, Australien und den

USA, um die Idee Realität werden zu lassen. Während diese neue Technik an einem LIGO-Detektor der ersten Generation im Jahr 2011 nur kurz getestet wurde, kommt sie bei GEO600 seit 2010 dauerhaft zur Anwendung und wird fortlaufend verbessert. Der Einsatz von gequetschtem Vakuum ist mittlerweile auch für Advanced LIGO und Virgo für das Jahr 2018 geplant. Abbildung 4.3 zeigt einen Blick in das zentrale Gebäude von GEO600.

TAMA und KAGRA

TAMA300 war ein Interferometer mit 300 Metern Armlänge in der Stadt Mitaka in der Nähe der japanischen Hauptstadt Tokio, das vom Institute for Cosmic Ray Research (ICRR) betrieben wurde. TAMA300 war weltweit das erste Interferometer zur Messung von Gravitationswellen der Größenklasse von über 100 Metern Armlänge. Die optische Konfiguration benutzte Fabry-Perot-Resonatoren in den Armen sowie Power Recycling.

Die Konstruktion begann 1995, und das *locking* des Interferometers gelang erstmals bereits im Jahr 1998, zunächst ohne Power Recycling. 1999 fand eine erste Datenaufzeichnung statt, und im Jahr 2000 stellte man mit 10^{-21} einen neuen Empfindlichkeitsweltrekord auf: Das Interferometer war mehr als zehntausendmal empfindlicher als Webers Zylinder. 2002 fand ein gemeinsamer Datenlauf mit LIGO statt.

Durch die Lage von TAMA300 im Großraum Tokio ist die seismische Umgebung stark von Bodenerschütterungen durch menschliche Aktivitäten geprägt, sodass man 2005 eine Aufrüstung der seismischen Isolationssysteme zu Mehrfachpendeln durchführte. 2011 wurden einige Komponenten von TAMA bei dem starken Tohoku-Erdbeben beschädigt, und der reguläre Betrieb als Michelson-Interferometer wurde in der Folge eingestellt.

Ein weiterer Protoyp mit dem Namen CLIO wurde in Japan in der Kamioka-Mine in der Präfektur Gifu errichtet. Physikern ist die Kamioka-Mine unter anderem durch den Neutrinodetektor Super-Kamiokande bekannt. CLIO hat 100 Meter lange Arme und dient hauptsächlich dem Zweck, die Technik der Kühlung der Testmassen eines Interferometers bis hinunter zu 20 Kelvin zu testen. Die Kühlung verringert das thermische Rauschen der Testmassen sowie der untersten Pendelstufe, eine Technik, die die japanische Kollaboration für ihren größeren Detektor vorgesehen hatte.

Frühe Planungen für einen großen Detektor in Japan umfassten zwei identische Interferometer mit jeweils drei Kilometer langen Armen an einem Standort. Mit erheblichen Verzögerungen wurde schließlich im Jahr 2010 ein einzelnes Interferometer dieser Größe bewilligt. Das Projekt wurde etwas später KAGRA getauft, bestehend aus den beiden Teilabkürzungen KA, für Kamioka, und GRA für Gravitation. KAGRA wurde ebenfalls in der Kamioka-Mine errichtet und befindet sich somit komplett unter der Erde. In dieser Umgebung sind Bodenerschütterungen im Frequenzbereich von einem bis zu 10 Hertz typischerweise einhundertmal geringer als im Großraum Tokio und immer noch zehnmal geringer als an vielen oberirdischen Standorten auf der Erde. Die seismisch ruhige Umgebung hilft bei der Kontrolle der Spiegel und erleichtert es, die Empfindlichkeit der Interferometer bei kleinen Frequenzen zu erhöhen.

Durch das Erdbeben im Jahr 2011 und die daraus folgende Belastung der japanischen Wirtschaft verzögerte sich der Baustart, und bei der Errichtung der beiden drei Kilometer langen Tunnel gab es weitere Verzögerungen durch starke Wassereinbrüche. Dennoch wurde die Konstruktion der Tunnel 2014 erfolgreich beendet und Ende 2015 waren bereits die Vakuumröhren der Arme des Interferometers installiert. Durch die Eigenheit des japanischen Forschungsfinanzierungssystems, Personal- und Sachmittel zu trennen, ist das Kernteam zur Errichtung des Interferometers für ein Projekt dieser Größe recht klein. Trotzdem macht KAGRA unter der Leitung von Takaaki Kajita (Nobelpreis für Physik 2015 für die Entdeckung der Neutrinooszillationen) gute Fortschritte beim Aufbau des Interferometers und der assoziierten Infrastruktur. Erste Daten werden für 2018 oder 2019 erwartet.

5. Datenanalyse und Großer Hund

Jahrzehnte der Forschung und Entwicklung und Hunderte Wissenschaftler und Ingenieure waren nötig, um Gravitationswellendetektoren zu bauen, die ausreichend empfindlich waren, um tatsächlich Signale nachweisen zu können. Die Suche nach den Wellen in den gewaltigen Datenmengen, die diese Detektoren aufzeichnen, die *Datenanalyse*, bildet ein eigenes Feld der Gravitationswellenforschung, das hauptsächlich von vier Forscherteams durchgeführt wird, die sich (mit gewissen Überschneidungen) auf jeweils eine Art von Signalen spezialisiert haben.

Prinzipiell kann man bei der Datenanalyse zwischen *modellierter* und *unmodellierter* Suche unterscheiden sowie zwischen kurzzeitigen, *transienten*, Wellenformen und *quasi-kontinuierlichen* Signalen. Ordnet man diese zwei Kriterien in einer Matrix an, dann erhält man vier Formen der Datenanalyse.

Eine modellierte Suche ist von einer Theorie geleitet, aufgrund derer eine Wellenform für jeweils eine bestimmte Quellenart berechnet oder mit Computern simuliert wird. Nach genau dieser Wellenform (und Varianten davon, die verschiedene Parameter möglicher Quellen gleicher Art abdecken) wird dann in den Detektordaten gesucht. Im Gegensatz dazu geht die unmodellierte Suche von keiner bestimmten Signalform aus, sondern betrachtet lediglich Ausschläge des Ausgangssignals eines Detektors und vergleicht sie mit denen anderer Detektoren (Koinzidenz) sowie mit Umweltsensoren (Veto). Die modellierte Suche ist spezifischer und empfindlicher, die unmodellierte Suche dagegen allgemeiner, aber weniger empfindlich. Joseph Weber hat seinerzeit eine unmodellierte Suche in den Daten der Resonanzantennen durchgeführt, wobei ihm die Konzepte Veto und Koinzidenz (siehe Kapitel 2) halfen, mögliche Gravitationswellen von statistischen oder störenden Schwankungen zu unterscheiden.

Tabelle 5.1: Vier Formen der Datenanalyse und die ihnen assoziierten Quellen bzw. Wellenformen von Gravitationswellen.

	modelliert	unmodelliert
transient	verschmelzende Binärsysteme	*burst*, Impuls
quasi-kontinuierlich	rotierende Neutronensterne	stochastischer Hintergrund

Die Klassifizierung einer Signalform als *transient* unterliegt einer gewissen Willkür, da in der Praxis letztlich keine Signalform auf Dauer Bestand hat. Bei der Suche nach Gravitationswellen werden Signalformen, die kürzer als einige Sekunden sind, typischerweise als transient klassifiziert. Im Gegensatz dazu stehen quasi-kontinuierliche Signale, bei denen die zeitliche Begrenzung nicht im Vordergrund steht. Das Präfix *quasi* erinnert daran, dass es in der Natur keine wirklich dauerhaften Prozesse gibt, selbst wenn man im Rahmen der Datenauswertung ein Signal für einen gegebenen Zeitraum als stationär und unveränderlich ansieht.

Modellierte Suche: Optimalfilter

Das etwas sperrige Wort *Optimalfilter* wird im Englischen mit *matched filtering* übersetzt und beschreibt eine Methode der Suche nach einer bekannten bzw. erwarteten Wellenform in einem Datenstrom. Mathematisch lässt sich zeigen, dass die Suche nach einem erwarteten Signal am besten funktioniert (d. h. technisch das optimale Signal-zu-Rausch-Verhältnis liefert), wenn dieses Signal genau bekannt ist.

Bei der Suche mittels eines Optimalfilters werden die aufeinanderfolgenden Punkte der berechneten Wellenform mit den jeweils aufeinanderfolgenden Punkten des Detektorsignals multipliziert und alle resultierenden Produkte aufsummiert. Dieser Prozess wird für jeden Zeitschritt wiederholt und liefert so einen neuen Datenstrom. Ist das gesuchte Signal im Datenstrom des Detektors vorhanden, dann erhält man, je nach Größe des

Signals in den Detektordaten, einen Ausschlag der Amplitude des Optimalfilters. Für diesen Ausschlag muss man wiederum, wie im Fall der unmodellierten Suche, Schwellenwerte festlegen, bei deren Überschreitung das gefundene Signal einer weitergehenden Analyse unterzogen wird.

Natürlich kann man mit der Methode des Optimalfilters nur solche Wellenformen finden, die zuvor aus der Theorie abgeleitet wurden. Um aber das gesamte Spektrum möglicher Wellenformen abzudecken, ist immer auch eine unmodellierte Suche erforderlich, denn es könnte ja sein, dass sich Wellenformen finden, die bisher nicht von einer Theorie vorhergesagt wurden.

Wellenformen verschmelzender Binärsysteme. Zwei sich umkreisende kompakte astronomische Objekte, womit in der Regel Neutronensterne oder schwarze Löcher gemeint sind, werden, wie erwähnt (siehe Kapitel 2), als (kompaktes) Binärsystem bezeichnet. Durch die Abstrahlung von Gravitationswellen verlieren sie Energie, wodurch sich zugleich der Abstand zwischen den Objekten verringert, ein Prozess, der erst mit ihrer Verschmelzung endet.

Etwas genauer betrachtet, lässt sich dieser Prozess in drei Phasen einteilen: 1. Die *Inspiral*-Phase, in der die kompakten Objekte einander umkreisen und sich durch die Abstrahlung von Gravitationswellen zunächst langsam, dann immer schneller, annähern. 2. Die *Merger*- oder Verschmelzungsphase, in der sie sich berühren oder überlappen. 3. Die *Post-Merger*- oder *Ringdown*-Phase, in der das bei der Verschmelzung entstehende neue Objekt eine verbleibende Asymmetrie durch die Abstrahlung weiterer Gravitationswellen abbaut.

Für den Fall zweier verschmelzender Neutronensterne lag um die Jahrtausendwende eine Berechnung für die in den drei Phasen jeweils zu erwartenden Gravitationswellen vor. Bestimmte Merkmale der Wellenformen hängen von den Eigenschaften der Neutronensternmaterie ab, die bisher nicht genau bekannt sind. Daher steht zu erwarten, dass die Messung der Gravitationswellen verschmelzender Neutronensterne völlig neue Erkenntnisse über diese extreme Form der Materie liefern wird.

Die von der Verschmelzung zweier schwarzer Löcher aus-
gehende Wellenform war jedoch eine härtere Nuss und galt um
die Jahrtausendwende als eines der schwierigsten mathematisch-
physikalischen Probleme, an dessen Lösung weltweit mehrere
Forscherteams arbeiteten. Zu dieser Zeit war ungewiss, ob solche Signale möglicherweise zuerst von den Detektoren aufgefangen würden, ehe sie berechnet werden konnten!

Während die erste und dritte Phase des Prozesses durch
Näherungsverfahren einigermaßen abschätzbar waren, musste
man für die mittlere Phase Einsteins Gleichungen der Allgemeinen Relativitätstheorie möglichst präzise numerisch lösen. Die
Nichtlinearität der Gleichungen wurde hier abermals zum Problem, da die zur Lösung verwendeten Computerprogramme
den Prozess zunächst nicht von Anfang bis zum Ende durchrech-
nen konnten. So wurde das Problem der vollständigen Simulation der Verschmelzung zweier schwarzer Löcher erst im Jahr
2005, so gut wie im Alleingang, von dem Südafrikaner Frans
Pretorius gelöst. Pretorius, der am Caltech in den USA und an
der Universität von Alberta in Kanada arbeitete, übernahm verschiedene Ansätze seiner Kollegen und kombinierte sie in einer
neuen Weise. Schon kurze Zeit später schafften andere Gruppen
ebenfalls den Durchbruch und konnten die von Pretorius berechneten Wellenformen auch mit anderen Methoden bestätigen.

Heute benutzt man Kataloge mit einigen Hunderttausend
Templates – eine Bezeichnung für die berechneten Wellenformen, die verschiedene Massen der am Binärsystem beteiligten
Objekte im Bereich von etwa einer bis hundert Sonnenmassen
abdecken. Dabei wird nach Systemen aus zwei Neutronensternen, zwei schwarzen Löchern oder einem Neutronenstern und
einem schwarzen Loch gesucht. Dagegen wird eine Suche nach
Binärsystemen mit größeren Massen zumindest nicht routine-
mäßig durchgeführt, da solche Systeme zwar stärkere Signale,
jedoch bei kleineren Frequenzen aussenden würden, die mit den
erdgebundenen Interferometern bislang nicht zuverlässig detek-
tierbar sind.

Rotierende Neutronensterne. Die Methode des Optimalfilters kommt im Prinzip, wenngleich in etwas anderer Form, auch bei der Suche nach Gravitationswellen rotierender Neutronensterne zum Einsatz. Ein Neutronenstern mit Massen-Asymmetrie sendet quasi-kontinuierlich Gravitationswellen aus (siehe Kapitel 1). Die Wellenform einer solchen Quelle entspricht in guter Näherung einer sinusförmigen Schwingung und wird als Template für einen Optimalfilter verwendet. Um das Signal-zu-Rausch-Verhältnis des Optimalfilters zu maximieren, versucht man, die Templates möglichst lang (in diesem Fall monatelang) anzulegen. Man spricht hier auch von einer Integration oder einem Aufsammeln des Signals über einen langen Zeitraum.

Eine wichtige Modifikation der bei der Messung gesuchten Signalform wird durch die Drehung der Erde um ihre eigene Achse sowie ihren Umlauf um die Sonne notwendig. Denn diese beiden Bewegungen ergeben aus Sicht des Empfängers auf der Erde eine sogenannte Dopplerverschiebung des Signals der Quelle: Bewegt sich der Empfänger in Richtung der Quelle, erhöht sich die empfangene Frequenz leicht. Bei Entfernung von der Quelle sinkt sie. Für jede Richtung am Himmel ergibt sich somit ein anderes Muster der Modifikation des Signals durch die Dopplerverschiebung, sodass man viele verschieden modifizierte Templates bei der Datenanalyse einsetzen muss. Die vielfachen Kombinationsmöglichkeiten dieser Effekte machen die Suche nach den kontinuierlichen Gravitationswellen, die von rotierenden Neutronensternen ausgesendet werden, hinsichtlich der Rechenkapazität besonders aufwändig. Je mehr Rechenleistung zur Verfügung steht, desto größere Sektoren des Firmaments lassen sich nach unterschiedlich schnell rotierenden Neutronensternen durchsuchen. Um die insgesamt zur Verfügung stehende Rechenleistung zu erhöhen, wurde diese Art der Suche nach Gravitationswellen auch in ein Programm integriert, das auf vor allem von privaten Nutzern freiwillig zur Verfügung gestellte Rechenkapazität zurückgreift *(Einstein@Home)*.

Ist die Himmelsposition und Umdrehungsgeschwindigkeit eines Neutronensterns durch radioastronomische Beobachtungen bekannt (siehe Pulsare, Kapitel 7), so kann eine gezielte Suche nach Gravitationswellen dieses Objekts durchgeführt werden. Eine solche Suche hat weniger unbekannte Größen als eine Suche nach Gravitationswellen bisher unbekannter Neutronensterne, sodass mehr Rechenzeit in die Integration des möglichen Signals investiert werden kann. Beispiele für bekannte Neutronensterne sind der Krebs- und der Vela-Pulsar.

Schließlich sei noch erwähnt, dass sich die Umdrehungsgeschwindigkeit von Neutronensternen langsam oder in Sprüngen ändern kann, was die Datenanalyse dieser Objekte weiter verkompliziert. Eine langsame Änderung geschieht durch einen kontinuierlichen Energieverlust des Neutronensterns. Ein kleiner Teil dieses Energieverlustes kann durch die Abstrahlung von Gravitationswellen hervorgerufen werden, wobei die Rotationsenergie des Sterns in die Energie der Wellen umgesetzt wird. Mögliche Änderungen der Rotationsgeschwindigkeit müssen bei der Benutzung von Templates ebenfalls berücksichtigt werden. Geschieht die Änderung der Rotationsgeschwindigkeit plötzlich, was als *glitch* bezeichnet wird, so muss für die Zeitabschnitte vor und nach dem *glitch* auch ein modifiziertes Template benutzt werden. Darüber hinaus kann ein solches *glitch*-Ereignis auch die Abstrahlung eines transienten Gravitationswellenimpulses verursachen.

Datenanalyse im Netzwerk

Die Suche nach Wellenformen mit Optimalfiltern kann an Daten eines einzelnen Detektors durchgeführt werden. Man würde ein so gefundenes Signal aber wahrscheinlich nur dann als Gravitationswelle klassifizieren, wenn die Existenz dieser Form einer Quelle zuvor durch gleichzeitige Detektion in mehr als einem Detektor bestätigt wurde. Betreibt man mehrere Detektoren als Netzwerk, wertet man ihre Daten also gemeinsam aus, so ergeben sich zwei wesentliche Vorteile: Zum einen nimmt die Signifikanz einer Detektion zu, zum anderen kann man die Himmelsrichtung bestimmen, aus der das Signal kommt.

Aufschluss über die Richtung gibt die geringfügige Laufzeitdifferenz, die sich mit dem Hören mit zwei Ohren vergleichen lässt: Trifft ein akustisches Signal im einen Ohr früher ein als im anderen, rekonstruiert das Gehirn aus dieser Abweichung mögliche Richtungen der Schallquelle im Raum. Durch die Form der Ohrmuscheln wird eine zusätzliche Richtungsinformation geliefert. Die Evolution hat manche Tierarten zu wahren Meistern bei der Richtungsbestimmung werden lassen, sei es zur Lokalisierung ihrer Beute oder zur Flucht vor Fressfeinden.

Die wesentliche Richtungsinformation bei der Detektion von Gravitationswellen resultiert also aus der Zeitdifferenz, mit der das Signal bei den einzelnen Detektoren eintrifft. Die Genauigkeit der Richtungsbestimmung nimmt dabei sowohl mit der empfangenen Signalstärke als auch mit der Entfernung zwischen den Detektoren zu. Zusätzlich liefert auch die Ausrichtung der Detektoren im Raum Informationen zur Richtungsbestimmung, die allerdings weniger genau sind als die durch die Laufzeitunterschiede gewonnenen. Anders als optische Teleskope, ist ein interferometrischer Gravitationswellendetektor für die meisten Richtungen, aus denen ihn Wellen treffen können, empfindlich. Es gibt allerdings auch weniger empfindliche und ganz unempfindliche Richtungen – eine Tatsache die bei der Analyse der Daten zur Richtungsbestimmung verwendet wird, sofern andere Detektoren ausreichend Signal aufweisen.

burst-Suche. Die Suche nach unspezifischen Impulsen von Gravitationswellen *(bursts)*, die zunächst nicht aus einem Modell abgeleitet sind, ist noch stärker als die Suche nach modellierten Signalen auf die Datenanalyse im Netzwerk angewiesen. Nur wenn eine unbekannte Wellenform von mindestens zwei Detektoren registriert wird, kann man mit einiger Wahrscheinlichkeit von einer astrophysikalischen Quelle ausgehen. Werden Signale einer derartigen Quelle von Gravitationswellen in der Zukunft gefunden, dann verspricht man sich davon einen gewaltigen Schub für die Entwicklung von Ideen und Modellen zu ihrer Erklärung.

Die *burst*-Suche wird intensiviert für solche Zeitintervalle durchgeführt, für die Himmelsbeobachtungen anderer astronomischer Instrumente vorliegen. So wird die Zeit und Richtung sogenannter Gammastrahlenblitze benutzt, um nach möglichen Gravitationswellen im Zusammenhang mit diesen bisher mysteriösen Ereignissen zu suchen. Als eine mögliche Ursache für Gammastrahlenblitze werden beispielsweise verschmelzende kompakte Binärsysteme vermutet, die zumindest einen Neutronenstern besitzen. Ereignisse in Neutrinodetektoren können ebenfalls als externe Zeitmarken dienen. In allen diesen Fällen wird die statistische Signifikanz eines möglichen *burst*-Signals von Gravitationswellen erhöht, wenn etwa gleichzeitig eine andere Beobachtung stattgefunden hat.

Stochastische Suche. Wie bei der Suche nach Impulsen werden auch bei der Suche nach stochastischen, also ungeordneten, zufällig anmutenden Gravitationswellen keinerlei Annahmen über die Signalform gemacht. Im Gegensatz zur *burst*-Suche geht man aber von quasi-kontinuierlichen Signalen aus, die sich in Form eines Rauschens (im Sinne eines Gravitationswellensignals) im Eigenrauschen des Detektors verbergen können. Durch direkte Korrelation der Daten mindestens zweier Detektoren lässt sich ein solches Gravitationswellenrauschen (das in den verschiedenen Detektoren gleichzeitig vorliegen sollte) vom einzelnen Detektorrauschen unterscheiden (das idealerweise in jedem Detektor unterschiedlich ist). Stochastische Gravitationswellen werden gleichermaßen aus allen Richtungen des Raums vermutet, weshalb diese Suche am besten funktioniert, wenn die Detektoren nicht zu weit voneinander entfernt bzw. die Signalfrequenzen nicht zu groß sind. Andernfalls empfangen verschiedene Detektoren nicht dasselbe Signal zu gleicher Zeit. Zwar könnte man durch geeignete Zeitverschiebungen zwischen den Daten von Detektoren an verschiedenen Orten nach stochastischen Quellen bestimmter Himmelsrichtungen suchen, jedoch würden diese von den stochastischen Wellen aus allen anderen Richtungen dominiert.

Auf der technischen Seite gilt es, sicherzustellen, dass die Detektoren bei der Suche nach stochastischen Quellen kein korreliertes technisches Rauschen aufweisen. Als Beispiel für korrelierte technische Störquellen können globale Magnetfeldschwankungen genannt werden, die jedoch ebenfalls durch Umweltsensoren aufgefangen werden sollten, sodass sie bei der Analyse eliminiert werden können.

Kandidat und Signifikanz

Als Beispiel für die Datenanalyse seien hier konkrete Schritte bei der Suche nach transienten Signalen kurz erläutert:

1. Für jeden Detektor wird eine Liste derjenigen Ereignisse erstellt, die einen gewählten Schwellenwert überschreiten. Diese Ereignisse werden als *Trigger* bezeichnet. Dabei kann es sich um unmodellierte transiente Ereignisse handeln oder um Ereignisse, die durch Optimalfilter ermittelt wurden. Das Prinzip des Vetos kann dazu benutzt werden, einige Trigger aus der Liste zu entfernen.
2. Die Trigger aller zur Verfügung stehenden Detektoren werden verglichen (Prinzip der Koinzidenz), und wenn ähnliche Ereignisse zu fast gleicher Zeit (innerhalb der maximal möglichen Signallaufzeiten) durch verschiedene Detektoren registriert wurden, erhält dieses Ereignis den Status eines Kandidaten.
3. Um die Signifikanz eines Kandidaten-Ereignisses zu beurteilen, wird dessen Charakteristik mit der von Detektordaten verglichen, in welchen möglichst *keine* Gravitationswellen registriert wurden.

Wie zuvor erwähnt, hatte schon Weber eine experimentelle Abschätzung der Anzahl von Koinzidenzen (die nicht durch Gravitationswellen, sondern durch Störungen oder zufällige Schwankungen erzeugt werden) anhand der Detektordaten eingeführt. Man bezeichnet dieses Verfahren als Abschätzung des *Hintergrunds*, das unter Benutzung sogenannter *time slides* oder Zeitverschiebungen vorgenommen wird: Man verschiebt die Daten eines Detektors um ein bestimmtes Zeitintervall gegen die Daten eines anderen Detektors und bestimmt dann die Rate und Charakteristik der damit gefundenen Koinzidenzen. Diesen

Prozess wiederholt man mehrfach mit immer stärker zeitverschobenen Daten, solange eine ausreichende Menge von Daten zur Verfügung steht oder bis man eine ausreichend genaue Abschätzung des Hintergrunds gewonnen hat. Der so ermittelte Hintergrund enthält die Informationen, wie häufig und wie stark Koinzidenzen zwischen Detektoren (für jeweils eine bestimmte Signalform) auftreten, die man ohne weiteres Wissen nicht als Gravitationswellen klassifizieren kann. Im letzten Schritt der Analyse vergleicht man dann die Koinzidenzen der *nicht* zeitverschobenen Daten mit denen des Hintergrunds, um auf diese Weise eine Abschätzung dafür zu erhalten, wie signifikant ein gefundener Kandidat für eine Gravitationswelle ist. Ein gleichwertiges Maß für die Signifikanz ist die Höhe der Wahrscheinlichkeit, mit der ein so starkes (oder stärkeres) Ereignis allein durch Störungen oder zufällige Schwankungen in den Detektordaten vorgetäuscht werden könnte.

Eine solche Abschätzung des Hintergrunds ist nicht trivial und die Forscher geraten dabei in ein Dilemma: Falls tatsächlich ein Gravitationswellensignal in den Daten enthalten ist, dann möchte man es bei der Abschätzung des Hintergrunds natürlich gern aus den Daten entfernen, da man sonst bei der *time-slide*-Methode die Rate der zufälligen Koinzidenzen überschätzt. Doch kann man ein Signal erst dann mit einiger Sicherheit als Gravitationswelle identifizieren und somit aus den Daten entfernen, wenn man seine Signifikanz zuvor unter Benutzung des Hintergrunds abgeschätzt hat.

In der Praxis wird deshalb beispielsweise ein zweischrittiges Verfahren eingesetzt: Zunächst werden keine Trigger aus den zeitverschobenen Daten entfernt. Erhält man auf diese Weise deutliche Kandidaten, dann entfernt man sie und bestimmt anschließend den Hintergrund erneut. Dieser zweite Schritt erhöht die Signifikanz des gefundenen Kandidaten, doch ist der erste Schritt notwendig und entscheidend, um einen Kandidaten erstmalig zu identifizieren.

Der Vorgang der Abschätzung des Hintergrunds entspricht gewissermaßen der Durchführung eines Kontrollexperiments, wie es zum Beispiel in medizinischen Studien angewandt wird:

Eine Gruppe von Patienten bekommt ein wirksames Medikament, eine Kontrollgruppe dagegen ein Placebo. Anschließend vergleicht man den Gesundheitszustand oder Krankheitsverlauf der Patienten beider Gruppen. Ohne Kontrollgruppe würde man jegliche Befindensänderung dem neuen Medikament zuordnen, selbst wenn sie tatsächlich auf anderen Ursachen beruht. Hat man aber eine Kontrollgruppe, dann kann man davon ausgehen, dass etwaige Unterschiede zwischen beiden Gruppen im Hinblick auf die Änderung der Befindlichkeit tatsächlich der Behandlung (Medikament oder Placebo) zuzuordnen sind, weil andere Gründe dafür in beiden Gruppen (idealtypisch) im genau gleichen Maß vorkommen sollten. Die Kontrollgruppe liefert hier eine Abschätzung des Hintergrunds, gerade weil sie keine ‹richtige› Medikation erhalten hat.

Um einen direkten Einfluss der Studienteilnehmer auf die Daten auszuschließen, werden medizinische oder psychologische Studien verblindet: Die Teilnehmer wissen nicht, ob sie ein Placebo oder ein wirksames Medikament bekommen. Bei Doppelblind-Studien gilt das auch für diejenigen Personen, die die Studie durchführen. Es bleibt aber immer noch die Gefahr, dass sich bei der Analyse der Daten die bewussten oder unbewussten Wünsche des jeweiligen Wissenschaftlers oder Analysten auf das Ergebnis auswirken. Hier setzt die Dreifachverblindung oder *blinde Analyse* an, die auch bei der Suche nach Gravitationswellen zum Einsatz kommt.

Blinde Analyse

Wissenschaft ist ein permanentes Rennen zwischen unserem Erfindungsreichtum, uns selbst zu täuschen, und unserem Erfindungsreichtum, gerade dies zu vermeiden. Dieses Zitat des Astronomen Saul Perlmutter drückt die prinzipielle Gefahr bei der Durchführung oder Analyse wissenschaftlicher Experimente aus: genau diejenigen Resultate zu erzielen, die wir uns wünschen. Obwohl Weber seinerzeit zeitverschobene Daten zur möglichst korrekten Bestimmung des Hintergrunds benutzte, steht dennoch zu vermuten, dass sich bei seinen Analysen unbe-

wusst Ungenauigkeiten in der Handhabung der Statistik einge-
schlichen haben.

Selbst wenn man eine Methode hat, um die Signifikanz eines
Ergebnisses abzuschätzen, müssen immer noch verschiedene
Einstellungen und Auswahlkriterien bei der Durchführung der
Analyse vorgenommen werden. So muss zum Beispiel ein Schwellenwert gewählt werden, ab dem ein Signal als Trigger gewertet
wird. Um der Gefahr zu begegnen, dass der Analyst die Parameter der Analyse genau so wählt, dass ein Signal statistisch in
einem günstigeren Licht erscheint als angemessen, benutzt man
die Methode der blinden Analyse.

Blinde Analyse bezieht sich darauf, dass die zu analysieren-
den Daten so lange nicht angeschaut werden, bis alle Parameter
der Suche festgelegt worden sind. Dazu gibt es verschiedene
Methoden: Bei medizinischen Studien kann man die Zuord-
nung von Medikament oder Placebo zu den Teilnehmern bis
zum Schluss geheim halten. Bei der Detektion von Gravitationswellen können zeitverschobene Daten für die Suche nach Koinzidenzen benutzen werden. Mit solchen Testdaten kann man die
eigentliche Analyse vollständig durchspielen, bis sich die Analysten darauf einigen, die Blindbedingung aufzuheben. Im letzten Schritt der Analyse wird dann sozusagen nur noch der
Knopf gedrückt und das Ergebnis in Form einer Statistik produziert.

Dass ein solches Vorgehen auch in der Physik sinnvoll sein
kann, zeigt die Beobachtung, dass experimentelle Ergebnisse
manchmal statistisch auffällig nahe an bereits existierenden
Messwerten liegen. Deshalb haben beispielsweise Teilchenphy-
siker und Kosmologen eine blinde Analyse bei der Auswertung
ihrer Daten eingeführt.

Unmittelbar nach der Erfassung der Daten durch die Gravitationswellendetektoren findet eine erste Auswertung der Daten
vollständig automatisiert durch Computer statt, und zwar mit
dem Ziel, Gravitationswellensignale möglichst schnell zu erkennen. Um das volle Potenzial der Gravitationswellenastronomie
zu nutzen, ist es sinnvoll, dass andere Astronomen so früh wie
möglich über die wahrscheinliche Detektion einer Gravitations-

welle informiert werden. Sie können dann versuchen, innerhalb kurzer Zeit in der errechneten Richtung der Quelle zum Beispiel nach optischen Signalen Ausschau zu halten. Im Idealfall erhält man so Informationen über ein kosmisches Ereignis, etwa eine Supernova oder das Verschmelzen zweier Neutronensterne, mittels verschiedener Arten der Beobachtung. Dieser Zweig der Astronomie, die Kombination der Daten verschiedener Beobachtungsinstrumente, wird als *Multi-Messenger-Astronomie* bezeichnet. Es steht zu erwarten, dass mit Multi-Messenger-Astronomie neue Erkenntnisse gewonnen werden können, die mit keiner der jeweiligen Beobachtungsarten für sich allein genommen möglich wären. So lässt sich beispielsweise die Ausbreitungsgeschwindigkeit von Gravitationswellen genauer abschätzen, wenn man das Gravitationswellensignal mit elektromagnetischen Signalen der gleichen Quelle vergleicht.

Neben der automatischen Suche findet eine ausführliche Analyse der Daten von Gravitationswellendetektoren dann in jedem Fall zu einem späteren Zeitpunkt statt, wenn zum Beispiel ein vorgesehener Datenlauf ganz oder teilweise abgeschlossen ist.

Großer Hund

Am 16. September 2010 registrieren die beiden LIGO-Detektoren einen starken Kandidaten für ein Gravitationswellensignal. Das Ereignis könnte von zwei verschmelzenden schwarzen Löchern oder von der Verschmelzung eines schwarzen Lochs und eines Neutronensterns verursacht worden sein und kommt aus der Richtung des Sternbilds ‹Großer Hund›. Es bekommt daher den griffigen Namen *Big Dog*.

Eine zuvor innerhalb der wissenschaftlichen Kollaboration für einen solchen Fall verabredete Abfolge von Arbeitsschritten wird in Gang gesetzt, die zum Ziel hat, eine wissenschaftliche Veröffentlichung über dieses Ereignis vorzulegen. Am 14. März 2011 ist die Arbeit vollbracht und etwa 350 Wissenschaftler der Gravitationswellen-Forschungsgemeinde versammeln sich in einem Hotel nahe Pasadena in Kalifornien. In Plastikbechern wird Sekt ausgeschenkt, bevor endlich der Umschlag geöffnet

wird, der die letzte Ungewissheit beseitigen soll: Zu diesem
Zeitpunkt weiß kaum ein Mitglied der Kollaboration, ob es sich
um eine Gravitationswelle oder bloß um eine *blinde Injektion
(blind injection)*, also eine Variante des Blindversuchs, gehandelt hat.

Im Rahmen der Suche nach Gravitationswellen werden bei
einer *blind injection* Computer an jedem Detektor so program-
miert, dass sie synchronisiert zu zufällig ausgewählten Zeiten
ein Signal oder *mehrere* Signale in die Detektoren einspeisen,
die wie eine erwartete Gravitationswelle aussehen. Möglicherweise fällt die zufällige Wahl des Computerprogramms aber
auch darauf, *kein* Signal einzuspeisen. Nur eine handverlesene
Zahl von Forschern innerhalb der Kollaboration weiß genau,
ob und wann eine *blind injection* stattgefunden hat. Wenn ein
Signal in den Daten gefunden wird, müssen die Forscher davon
ausgehen, dass die Ursache eine *blind injection* gewesen sein
könnte oder eben eine Gravitationswelle.

Ein solches Vorgehen wurde aus verschiedenen Gründen eingeführt. Es dient zunächst als Test und Probelauf für eine tatsächliche Detektion. Diskussionen über die Signifikanz, die Details der statistischen Analyse und schließlich Formulierungen
der geplanten Veröffentlichung können auf diese Weise schon vor
einem echten Ereignis geprobt werden. Ein zusätzlicher Vorteil
für eine große Forschungskollaboration besteht zuletzt in der
Vermeidung von Lecks gegenüber der Öffentlichkeit. Ohne Information gezielt zurückzuhalten, kann die Kollaboration der
Fachwelt mitteilen, dass ein möglicher Kandidat für eine Messung gefunden wurde, bei dem es sich allerdings auch um eine
blind injection handeln könnte.

Beim *Big-Dog*-Ereignis gibt es unter anderem Diskussionen
um das Problem der Abschätzung des Hintergrunds. Wird das
Kandidaten-Ereignis nicht aus den Daten der *time slides* entfernt, dann beträgt seine Signifikanz etwas weniger als vier Sigma.
Nach den Standards der Teilchenphysik würde dies nicht für
den Status einer gesicherten Detektion ausreichen, doch gibt es
wiederum keine feste Regel für den Gebrauch von Wörtern wie
Detektion. Entfernt man das Kandidaten-Ereignis aus den *time*

slides, ergibt sich eine Signifikanz von fünf Sigma. In der geplanten Veröffentlichung werden schließlich beide Statistiken präsentiert und die etwas vorsichtigeren Wissenschaftler setzen sich in diesem Fall durch: Im Titel ist nur von *evidence* (Evidenz), also lediglich deutlichen Hinweisen auf eine Gravitationswelle die Rede.

Die Öffnung des Umschlags durch den Direktor von LIGO ergibt: *Big Dog* war das Resultat einer blinden Dateneinspeisung und keine Gravitationswelle. Somit wird die Veröffentlichung nicht eingereicht und die Kollaboration muss sich weiterhin in Geduld üben.

6. Es gibt sie!

Nach der etwa fünfjährigen Umbauphase von Initial LIGO zu Advanced LIGO sind im September 2015 die neuen Interferometer bereit für eine erste Runde der Datenaufnahme, genannt O1 (für *Observational Run 1*). Zuvor findet ein *Engineering Run* statt, in dem noch kleinere Veränderungen an den Detektoren vorgenommen werden, um die Instrumente und Analyse-Programme in einen möglichst stabilen Zustand zu bringen. In dieser Phase gibt es eine Überraschung.

Am 14. September 2015, um 9:50:45 Uhr koordinierter Weltzeit (UTC), registrieren die beiden LIGO-Detektoren fast gleichzeitig ein Signal, das einer maximalen relativen Dehnung des Raums von 10^{-21} innerhalb weniger hundertstel Sekunden entspricht. Trotz dieser Winzigkeit gibt es sehr deutliche Ausschläge in den Daten. Die automatisierte Suche nach impulsartigen Signalen registriert das Ereignis und trägt es kurze Zeit später in eine Datenbank ein. In den USA ist es tief in der Nacht, und so ist es ein Forscher in Hannover, der, durch eine automatisch erzeugte E-Mail benachrichtigt, den Eintrag als Erster zur Kenntnis nimmt. Eine Welle von Ereignissen nimmt ihren Lauf.

Die hannoverschen Forscher rufen zunächst bei den LIGO-Detektoren in den USA an, um von der Nachtschicht zu hören, ob zur fraglichen Zeit etwas Besonderes vorgefallen sei. Das ist nicht der Fall: Alles war ruhig. Ist dies wieder eine *blind injection*? Nachdem die ganze Kollaboration von dem Ereignis Notiz genommen hat, stellt sich rasch heraus, dass im laufenden Engineering Run keine blinden Injektionen vorgesehen waren. Zur fraglichen Zeit gab es auch keine Anzeichen für eine gezielte Injektion von Signalen, wie sie gelegentlich zum Test der Analyseprogramme vorgenommen wird.

Das Ereignis ist aus mindestens zwei Gründen eine Überraschung für die Wissenschaftler der Kollaboration: Zum einen

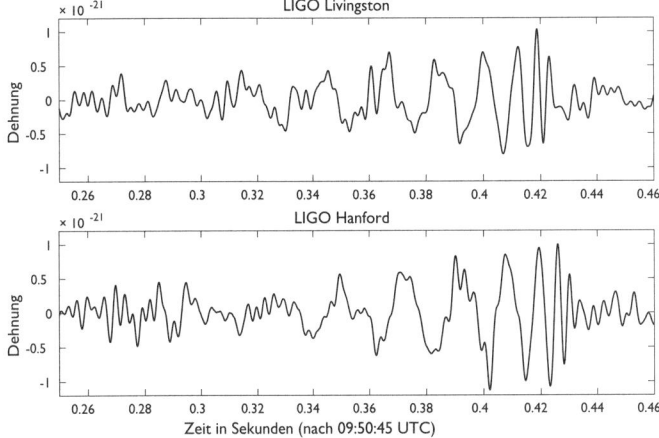

Abbildung 6.1: Ausgangssignale der beiden LIGO-Detektoren.

Die Rohdaten der Interferometer wurden hier in zwei Schritten bearbeitet: Sie wurden kalibriert, um sie als Dehnung des Raums darzustellen, und im Bereich von 35 bis 350 Hz (Bandpass-)gefiltert, um größere Schwankungen des Detektorsignals außerhalb dieses Bereichs auszublenden. Man erkennt in beiden Zeitreihen ähnliche Ausschläge zunehmender Größe.

zeichnen die Detektoren erst seit wenigen Tagen gleichzeitig Daten auf, die für die Suche nach Gravitationswellen benutzt werden können. Zum anderen ist das Signal ungewöhnlich deutlich, sodass man es mit bloßem Auge in den Datenströmen erkennen kann, es hat ein großes Signal-zu-Rausch-Verhältnis. Abbildung 6.1 zeigt die Daten der beiden LIGO-Detektoren zur Zeit des beobachteten Signals.

Die Signalform erscheint im Livingston-Detektor etwa sieben tausendstel Sekunden früher.

Die Wellenform entspricht in etwa der erwarteten Wellenform zweier sich umkreisender und schließlich verschmelzender schwarzer Löcher. Diese Übereinstimmung mit den Voraussagen der Theorie sowie die Gleichförmigkeit der von beiden Detektoren aufgezeichneten Signale überzeugt nach kurzer Zeit viele Forscher der Kollaboration intuitiv, dass es sich hier tat-

sächlich um die historisch erste Messung einer Gravitationswelle handelt! Diese Einschätzung ist zu diesem Zeitpunkt jedoch noch nicht streng quantitativ begründet, sondern basiert
auf der mit bloßem Auge sichtbaren Signalform und deren Beur-
teilung im gegebenen Kontext.

In den folgenden Wochen gibt es innerhalb der Kollaboration
sehr viel Arbeit und viel zu diskutieren. Einige Aspekte dieser
Bemühungen seien hier etwas genauer beschrieben, weil sich die
Bestimmung wissenschaftlicher Befunde als valide Erkenntnisse
durchaus nicht von selbst versteht und weil sie einen Einblick
geben, wie entsprechende Erkenntnisprozesse in der Praxis der
Wissenschaft derzeit stattfinden können.

Das Ereignis vom 14. September wird als ein klarer Kandidat
für eine Gravitationswellendetektion bewertet. Deshalb wird
zwei Tage später erneut der vorher in der Kollaboration verabredete Plan in Kraft gesetzt, der die nächsten Schritte bis zum
Erstellen einer Veröffentlichung beschreibt. Ein *Detektions-
Komitee* spielt hier eine zentrale Rolle bei der Bewertung des
Kandidaten. Es begutachtet die von den verschiedenen Arbeits-
gruppen vorgelegten Indizien und Daten und empfiehlt gege-
benenfalls weitere Analyseschritte. Neben der Vorbereitung der
blinden Analyse des Ereignisses wird auch der Zustand der Detektoren zum Zeitpunkt des Ereignisses ausführlich untersucht
und dokumentiert. Das Detektions-Komitee empfiehlt, die Detektoren in ihrem aktuellen Zustand zu belassen und keine Änderungen an ihnen vorzunehmen, die nicht dringend notwendig
sind. Diese Maßnahme dient dem Ziel, die Charakteristik der
von den Detektoren gesammelten Daten möglichst homogen zu
halten, sodass sie für die *time-slide*-Methode, also für die statistische Abschätzung des Hintergrunds, brauchbare Daten liefern.

Warum aber wurde das Ereignis nicht von der automatisier-
ten Suche nach Wellenformen verschmelzender Binärsysteme
gefunden? Eine Erklärung dafür ist schnell gefunden: Zum Zeitpunkt des Ereignisses benutzte diese Form der Datenanalyse
nur Templates, die Binärsysteme mit geringeren Massen reprä-
sentierten als solche, die der beobachteten Wellenform entspra-
chen. Das Signal war aber groß genug, um von der automa-

tisierten Suche nach unmodellierten, impulshaften Signalen aufgespürt zu werden. Eine spätere Suche nach Signalen von Binärsystemen hätte aber in jedem Fall auch Templates größerer Massen benutzt und damit das Ereignis ebenfalls identifiziert.

Wenn es aber keine *blind injection* von Testsignalen war, konnte es ein verschwörerisches Komplott gewesen sein, das unerkannt künstliche Signale in die Detektoren eingespeist hatte? Hatten vielleicht sogar Computer-Hacker der Kollaboration einen bösen Streich spielen wollen? Dieser Frage wurde für kurze Zeit tatsächlich nachgegangen, doch handelte es sich dabei eher um eine intellektuelle Fingerübung, um möglichen Nachfragen begegnen zu können. Die Schlussfolgerung dieser Untersuchungen war, dass dafür Expertise auf mehreren verschiedenen Gebieten erforderlich gewesen wäre, die sich zu diesem Zeitpunkt bei keiner einzelnen Person innerhalb der Kollaboration vereinigt fand. Demnach hätten sich also mehrere Personen in einer Art Komplott zusammenschließen müssen, was das Szenario ausgesprochen unwahrscheinlich machte.

Kann das Ereignis als Kandidat ernst genommen werden, auch wenn es im Engineering Run noch vor dem geplanten Start von O1 auftrat? Die Operatoren der Detektoren bestimmen den Status der Instrumente explizit für jede Zeitphase. So werden Daten, die während einer *commissioning*-Phase anfallen, nicht für die Suche nach Gravitationswellen benutzt. Zum fraglichen Zeitpunkt waren in dem Engineering Run jedoch alle Systeme im Status der Datenaufnahme, weshalb hier allgemein kein Problem gesehen wird.

Ist es aber nicht seltsam, dass das Ereignis bereits in der ersten Woche der Datenaufzeichnung mit Advanced LIGO registriert wurde? Advanced LIGO hat bei Beginn des Engineering Run eine etwa dreimal so große Reichweite wie Initial LIGO (siehe Kapitel 4). Da das Volumen einer Kugel mit der dritten Potenz ihres Radius zunimmt, ist die Zahl der möglichen Quellen von Gravitationswellen, die beobachtet werden können, also etwa 27-mal größer als zuvor. Die mit Initial LIGO in seiner empfindlichsten Phase (im *s6*-Datenlauf 2009–2010) aufgezeichneten Daten waren für einen Zeitraum von etwa sechs

Monaten nutzbar. Bei dreifacher Reichweite hat ein Detektor demnach in nur einer Woche eine ähnlich hohe Chance, ein Ereignis zu detektieren. Aufgrund der Vierfach-Pendelstufen der Aufhängung der Testmassen bei Advanced LIGO ist die Vergrößerung der Reichweite für Binärsysteme schwarzer Löcher (aufgrund der tieferen Signalfrequenzen) tatsächlich noch größer, sodass hier durchaus nichts Seltsames vorliegt!

Auch wenn viele Kollaborationsmitglieder von dem Signal überzeugt sind, wird natürlich planmäßig die blinde statistische Analyse vorangetrieben, da nur sie die Signifikanz des Ereignisses für unbeteiligte Experten und das breitere Publikum dokumentieren kann. Am 5. Oktober 2015 erreicht die Arbeit an der Einstellung der Parameter der blinden Analyse einen Endpunkt: In einer kollaborationsweiten Telekonferenz einigen sich die Datenanalysten darauf, dass sie damit zufrieden sind und diese Analyse nun durchgeführt werden kann. Die ‹box› wird geöffnet *(opening the box)*, das heißt, die Blindbedingung wird aufgehoben. Das Ergebnis ist sehr zufriedenstellend: Das Ereignis vom 14. September hat eine hohe statistische Signifikanz, die nur durch die Menge der Daten (fünf Tage) limitiert ist, die zu diesem Zeitpunkt für *time slides* zur Verfügung stehen. Mehr als fünfzig Jahre nach Webers ersten Experimenten ist der direkte Nachweis von Gravitationswellen endlich erreicht! Es wird schon mal gefeiert.

Ein weiteres Ergebnis dieser Analyse ist die Erkenntnis, dass es in diesem Datensatz keinen Hinweis auf weitere, möglicherweise schwächere und mit bloßem Auge nicht sichtbare Signale von Binärsystemen gibt. Derartige Hinweise hätten zu diesem Zeitpunkt mögliche verbliebene Zweifel an der Echtheit der bis dahin einzigen Messung ausräumen können. Die Forscher brauchen aber noch etwas Geduld.

Was wurde beobachtet?   Das Template, das am besten zu der beobachteten Signalform vom 14. September passt, beschreibt ein aus zwei schwarzen Löchern mit 36 und 29 Sonnenmassen bestehendes Binärsystem. Durch die hohe statistische Signifikanz und die Plausibilität der Interpretation des Signals kann,

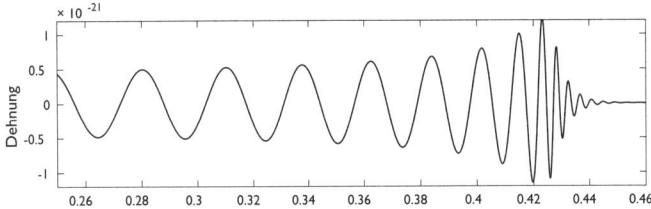

Abbildung 6.2: Das Template, das am besten zu der beobachteten Signalform passt, beschreibt die tatsächliche Dehnung des Raums.

Zu früheren Zeiten, also auf der linken Seite der Abbildung, erkennt man ausgeprägtere Wellenzüge als in den von den Detektoren aufgezeichneten Daten von Abbildung 6.1. Das liegt daran, dass diese etwas langsameren Schwingungen im Detektor nicht mehr deutlich registriert werden können und somit im Rauschen des Detektors verschwinden.

sozusagen mit einer wissenschaftstheoretischen Abkürzung, davon gesprochen werden, dass *ein verschmelzendes Binärsystem schwarzer Löcher beobachtet* wurde. Aus der Größe der Signale in beiden Detektoren lässt sich auf eine Entfernung dieser Quelle von etwa 1,4 Milliarden Lichtjahren schließen.

Kurz vor der Verschmelzung umkreisten sich die schwarzen Löcher mit etwa halber Lichtgeschwindigkeit, bis ein einzelnes schwarzes Loch mit etwa 62 Sonnenmassen entstand, etwa drei Sonnenmassen weniger als die Summe der beiden schwarzen Löcher *vor* der Verschmelzung. Die in dieser Bilanz fehlende Masse wurde in die Energie der Gravitationswellen umgesetzt, das meiste davon in nur einer Zehntelsekunde. Der maximale Energieumsatz geschah während der kurzen Verschmelzungsphase, zu der eine Leistung entsprechend der Umwandlung von 200 Sonnenmassen pro Sekunde in reine Energie abgestrahlt wurde. Das ist etwa fünfzigmal so viel Strahlungsleistung, wie alle Sterne im gesamten Universum zusammen genommen zur gleichen Zeit abgeben!

Die beiden Extreme, die bei dieser Beobachtung eine Rolle spielen, sind kaum anschaulich zu machen. Um die Erstaunlichkeit dieser Messung in einem Satz auf den Punkt zu bringen: Bei einem Ereignis in einem unvorstellbar weit entfernten Teil des Universums wurde eine gigantische Energiemenge freigesetzt und als Gravitationswelle auf die Reise geschickt, die 1,4 Milliarden Jahre später bei ihrem Lauf durch die Erde eine winzig kleine Längenänderung im Bruchteil einer Sekunde hervorrief, zu deren Messung es jahrzehntelanger Arbeit Hunderter Wissenschaftler und Ingenieure bedurfte.

Die Veröffentlichung. Schließlich wird in der Kollaboration ein Komitee einberufen, das Entwürfe für die gemeinsame Veröffentlichung erstellen soll. In mehreren Schritten haben sämtliche Mitglieder der Kollaboration die Gelegenheit, Kommentare dazu abzugeben, die in eine überarbeitete Version einfließen, ein Prozess, der mehrere Wochen in Anspruch nimmt. Verschiedene Aspekte des Titels werden intensiv diskutiert. Soll man zum Beispiel das Wort *direkt* verwenden, um zu unterstreichen, dass dies eine *direkte* und keine *indirekte* Beobachtung von Gravitationswellen war? Seit dem Jahr 1975 hatten Astronomen mit Hilfe von Radioteleskopen die Bahnparameter eines Binärsystems zweier Neutronensterne gemessen. Das war möglich, weil einer der Neutronensterne ein Pulsar ist (siehe Kapitel 7). Sie stellten dabei fest, dass das Binärsystem Energie verliert, und zwar genau so viel, wie nach der Allgemeinen Relativitätstheorie durch die Abstrahlung von Gravitationswellen zu erwarten war! Das galt als *indirekter* Nachweis von Gravitationswellen, da man aus dem Energieverlust der Quelle auf die Erzeugung der Wellen geschlossen hatte.

Die meisten Wissenschaftler dürften wohl eine Messung mit einem Instrument, das Schwankungen der Raumzeitkrümmung detektiert, als eine *direkte* Messung von Gravitationswellen ansehen, obwohl auch diese Interpretation nicht unstrittig ist. Die Kriterien sind aber letztlich nicht eindeutig, da komplexe Messungen immer mehrere Schritte beinhalten, sodass man sie deshalb auch als *indirekt* klassifizieren könnte. Man gerät hier schnell auf philosophisches Gebiet, wenn man zum Beispiel fragt, wie ‹direkt› denn das Hören oder Sehen beim Menschen sei.

Als Titel der Veröffentlichung wird schließlich *Observation of Gravitational Waves from a Binary Black Hole Merger* gewählt. Zu übersetzen etwa als: *Beobachtung von Gravitations-*

wellen der Verschmelzung eines Binärsystems schwarzer Löcher. Attribute wie *direkte* oder *erste* Beobachtung werden weggelassen, einerseits um den Titel einfach zu halten, andererseits um mögliche Fehlinterpretationen der Attribute in Bezug auf verschiedene Teile des Titels zu vermeiden. Im Text wird jedoch das Attribut *direkt* verwendet.

Auch viele andere Aspekte der Veröffentlichung müssen diskutiert werden, um Kompromisse zwischen den rund tausend Kollaborationsmitgliedern zu finden.

Da inzwischen weitere Daten von den Detektoren gesammelt wurden (16 Tage), kann man nun auch mehr Material für die Abschätzung des Hintergrunds verwenden. Es wird jedoch diskutiert, ob die Charakteristik der Detektordaten über den längeren Zeitraum ausreichend homogen ist, um eine gültige Hintergrundabschätzung zu ermöglichen. Man erzielt aber rasch einen Konsens darüber, und das Ereignis hat nun, im Kontext der inzwischen gesammelten Daten, eine statistische Signifikanz von mehr als 5 Sigma, womit es auch den Standards der Teilchenphysik für eine Entdeckung genügt. Ein Ereignis dieser Art würde man zufällig aufgrund von gleichzeitig in den Detektoren auftretenden Störungen nur weniger als etwa einmal in 200 000 Jahren erhalten. Die Signifikanz lässt sich nur als *mehr als 5 Sigma* abschätzen, da man noch mehr Daten für die *time-slide*-Methode bräuchte, um sie genauer zu bestimmen.

Am 21. Dezember wird in einer kollaborationsweiten Telekonferenz über den inzwischen zehnten Entwurf abgestimmt: Mit 587 zu 5 Stimmen wird er angenommen, womit die Veröffentlichung auf den Weg gebracht wird. Das Manuskript wird zu der Fachzeitschrift *Physical Review Letters* geschickt und von drei anonymen Gutachtern kommentiert. Nach kleinen Veränderungen wird es am 11. Februar 2016 veröffentlicht und der historische Nachweis von Gravitationswellen gleichzeitig in einer Pressekonferenz bekanntgegeben. Drei Entdeckungen gibt es zu verkünden: die erste direkte Messung von Gravitationswellen, die erste Beobachtung eines Binärsystems schwarzer Löcher sowie die erste Beobachtung des Verschmelzens zweier schwarzer Löcher.

Innerhalb der ersten 24 Stunden nach der Freigabe wird das Manuskript etwa 230 000-mal heruntergeladen, mehr als jemals zuvor bei einer Veröffentlichung in der Geschichte der *Physical Review Letters*. Auch das Medienecho ist enorm. Viele Tageszeitungen wählen den Nachweis der Gravitationswellen als Titelgeschichte. US-Präsident Obama gratuliert zu diesem *gewaltigen Durchbruch in der Art und Weise, wie wir das Universum verstehen.* Ähnlich kommentiert der britische Astrophysiker Stephen Hawking: *Diese Entdeckung ist mindestens so wichtig wie der Nachweis des Higgs-Teilchens am LHC (CERN). Mit Gravitationswellen lässt sich das Universum auf eine völlig neue Weise beobachten. Die Fähigkeit, sie zu detektieren, hat das Potenzial, die Astronomie zu revolutionieren.*

Weitere Bemerkungen. Die Resonanzantennen Auriga und Nautilus waren im Jahr 2015 noch in Betrieb, doch selbst wenn sie (bei ihrer Resonanzfrequenz) eine ähnliche Empfindlichkeit gehabt hätten wie LIGO, so hätten sie doch das Ereignis GW150914, so der offizielle Name, nicht messen können. Denn wie zuvor erläutert, sind Resonanzantennen ja nur in einem schmalen Frequenzbereich empfindlich, der über den höchsten Frequenzen liegt, die bei diesem Ereignis aufgetreten sind. Die Tatsache, dass sich die Wellenform so gut an ein Template anpassen lässt und damit bedeutende astrophysikalische Erkenntnisse ermöglicht, hat auch damit zu tun, dass die Interferometer *in einem breiten Frequenzband* empfindlich sind, sodass sie die verschiedenen Phasen einer Binärsystem-Verschmelzung erfassen können.

Der GEO600-Detektor in Deutschland war zum Zeitpunkt des Ereignisses zwar in seinem üblichen Messbetrieb, jedoch nicht im eingerasteten Zustand, sodass hier keine Messdaten aufgezeichnet wurden. Aufgrund der geringeren Empfindlichkeit im Vergleich zu den größeren Detektoren bräuchten die Forscher besonderes Glück, um mit GEO600 Gravitationswellen zu messen oder zu einer solchen Messung beitragen zu können. Astrophysikalische Ereignisse im näheren Universum, die ausreichend große Wellen erzeugen würden, sind einfach extrem selten. Der Virgo-Detektor befand sich 2015 noch in der Umbauphase zu Advanced Virgo, sodass er ebenfalls keine Messdaten aufgezeichnet hat. Im Gegensatz zur GEO-Kollaboration sind die Mitglieder der Virgo-Kollaboration nicht Teil der LIGO Scientific Collaboration (LSC), jedoch gibt es zwischen LIGO und Virgo ein Abkommen zum Datenaustausch, wodurch sich beide Gruppen Autorenrechte bei Veröffentlichungen der jeweils anderen sichern. Da nur die beiden LIGO-Detektoren das Signal erfasst haben, ist die Bestimmung der Richtung, aus der die Welle kam, nicht sehr genau und umfasst eine Fläche von etwa 600 Quadratgrad. Das entspricht etwa der dreitausendfachen Fläche des Vollmonds, wie er uns am Himmel erscheint. Mit mehr Detektoren und besserer Empfindlichkeit wird hier zukünftig eine deutliche Verbesserung der Lokalisierung erwartet.

Der britische Soziologe Harry Collins, der die Gravitationswellenforschung mehr als vierzig Jahre lang verfolgt hat, gibt freimütig (und mit schlechtem Gewissen) zu, dass eine marginale erste Detektion wissenschaftssoziologisch interessanter gewesen wäre, da sie naturgemäß mehr Diskussionen in der Fachwelt um die Interpretation der Beobachtung ausgelöst hätte. Aus der Sicht der beteiligten Wissenschaftler war die Stärke des detektierten Signals jedoch eher ein Glücksfall, der die Ära der Gravitationswellenastronomie mit einem Paukenschlag einleitete und dafür sorgte, dass die erste direkte Messung von Gravitationswellen von der Fachwelt im Grunde durchgängig nicht nur akzeptiert, sondern auch mit Begeisterung aufgenommen wurde. Obwohl einige wenige Informationen durch undichte Stellen nach außen gedrungen waren, gelang es der mehr als tausend Personen umfassenden Kollaboration dennoch, die Weltöffentlichkeit am 11. Februar 2016 zu überraschen.

Die bei dieser historisch ersten direkten Messung einer Gravitationswelle bewiesene Strenge der Datenanalyse, einschließlich der Verblindung, ist gewiss auch der Historie des Gebiets geschuldet. Neben Joseph Weber und der BICEP-2-Kollaboration (die 2014 die mögliche Entdeckung von Gravitationswellen des Urknalls verkündet hatte) hatten zuvor auch andere Wissen-

schaftler, die mit einer kryogenen Resonanzantenne arbeiteten, Hinweise auf Gravitationswellen konstatiert. Keine dieser
Gruppen konnte jedoch die Fachwelt von der Interpretation
ihrer Daten überzeugen. Mit der Etablierung der Gravitationswellen als Trägern astronomischer Information wird der Aspekt
des sicheren Nachweises ihrer Existenz in Zukunft nicht mehr
relevant sein.

Beobachtungen in den Datenläufen O1 und O2

Nur vier Wochen nach der historisch ersten Messung wird am
12. Oktober 2015 ein weiteres Ereignis detektiert, das allerdings
wesentlich schwächer ist und nur eine statistische Signifikanz
von etwa 2 Sigma erreicht. Es kann damit nicht als sichere Detektion klassifiziert werden, doch ist eine astrophysikalische Ursache des Signals wahrscheinlich. Es handelt sich wohl wieder
um ein Binärsystem schwarzer Löcher. Und schon am 26. Dezember 2015 wird das nächste Ereignis, diesmal wieder mit
einer hohen Signifikanz, registriert. Die Signalform entspricht
auch hier wieder einem Binärsystem schwarzer Löcher, die jedoch mit 15 und 7 Sonnenmassen deutlich kleiner sind als die
der historisch ersten Detektion. Dieses Signal kann nicht mit
bloßem Auge in den Detektordaten erkannt werden, sondern ist
nur durch die Suche mittels Templates zu entdecken. Trotzdem
erreicht es eine hohe Signifikanz aufgrund der Tatsache, dass es
deutlich länger im empfindlichen Frequenzband der Detektoren
bleibt. Das liegt an den geringeren Massen der schwarzen Löcher, die erst bei einer höheren Frequenz verschmelzen, sodass
mehr Zyklen der Inspiral-Phase in den Daten vorliegen. Mit
diesen neuen Messungen ist nun klar, dass die Ära der Gravitationswellenastronomie tatsächlich begonnen hat!

Nach dem Ende des O1-Datenlaufs werden die beiden LIGO-
Detektoren im Januar 2016 wieder für die *commissioning*-Ar-
beit freigegeben, um die Empfindlichkeit für den nächsten Datenlauf zu verbessern. Manche Eingriffe erhöhen die Stabilität
der Detektoren, vergrößern die Zeitabschnitte, in denen sie in
Betrieb sind, oder verbessern die Datenqualität. In dieser Phase

Tabelle 6.1: Bisher beobachtete Binärsysteme schwarzer Löcher (Stand Oktober 2017).

Detektoren	LIGO	LIGO	LIGO	LIGO	LIGO	LIGO + Virgo
Name	GW	LVT	GW	GW	GW	GW
(JJMMTT)	150914	151012	151226	170104	170608	170814
Signal-zu-Rausch-Verhältnis	24	9,7	13	13	13	18
Entfernung/Mpc	420	1000	440	880	340	540
Primäre Masse/M_{Sonne}	36	23	15	31	12	31
Sekundäre Masse/M_{Sonne}	29	13	7	19	7	25
Abgestrahlte Energie/ $M_{Sonne} * c^2$	3,0	1,5	1,0	2,0	0,85	2,7

Die Namenskonvention für die Ereignisse besteht aus dem Buchstabenkürzel GW oder LVT sowie dem Datum der Detektion in der Form Jahr, Monat und Tag (JJMMTT). GW (Gravitationswelle) wird für Detektionen hoher statistischer Signifikanz verwendet, während LVT (LIGO-Virgo-Trigger) für Ereignisse geringerer statistischer Signifikanz benutzt wird, für die ein astrophysikalisches Ereignis aber die wahrscheinlichste Erklärung ist.

sind die limitierenden Rauschquellen bei kleinen Frequenzen noch nicht genügend identifiziert, da hier immer noch Neuland beschritten wird. Trotz dieser Schwierigkeit startet der zweite Datenlauf (O2) mit etwas verbesserter Empfindlichkeit am 30. November 2016 und dauert, mit zwei Unterbrechungen, bis zum 25. August 2017.

Durch die außerordentlichen Anstrengungen zur Fertigstellung des Advanced-Virgo-Detektors in Italien (die verbesserte Ausbaustufe, siehe Kapitel 4) konnte dieser Detektor seit dem 1. August nun ebenfalls am O2-Datenlauf teilnehmen.

In diesem Datenlauf wurden erneut mehrere Binärsysteme schwarzer Löcher mit hoher Signifikanz registriert. Besonders hervorzuheben ist dabei das Ereignis vom 14. August 2017, weil dabei eine Gravitationswelle nun erstmalig auch mit dem Virgo-Detektor beobachtet wurde. Durch die Messung mit jetzt drei Detektoren ist unter anderem eine wesentlich genauere Lokalisierung der Quelle am Sternenhimmel möglich. Tabelle 6.1 fasst die bisher in O1 und O2 beobachteten Binärsysteme schwarzer Löcher zusammen (Stand Oktober 2017).

Diese gehäufte Beobachtung von Gravitationswellen verschmelzender schwarzer Löcher war auch deshalb eine Überraschung, weil die meisten Forscher der Kollaboration als erste Detektion die Verschmelzung zweier Neutronensterne für wahrscheinlicher gehalten hatten.

Neben der Abschätzung der Häufigkeit von Ereignissen dieser Art gibt es weitere Erkenntnisse:

– Etwa die Hälfte der schwarzen Löcher (aus den bisher detektierten Binärsystemen) haben Massen von mehr als rund zwanzig Sonnenmassen. Die Bildung solch massiver schwarzer Löcher (gemeint sind wohlgemerkt nicht die supermassiven schwarzen Löcher im Zentrum von Galaxien) aus der individuellen Entwicklung von Sternen galt bisher als unwahrscheinlich. Existierende Modelle über die Sternentwicklung müssen hier eventuell erweitert werden oder es müssen neue Überlegungen angestellt werden, auf welchen alternativen Wegen diese schwarzen Löcher entstanden sein könnten.

– Aufgrund der Passgenauigkeit der mit der Allgemeinen Relativitätstheorie berechneten Wellenformen und den tatsächlich beobachteten gibt es bisher keine Hinweise auf eine Abweichung von Einsteins Theorie: Sie wurde abermals glänzend bestätigt. Das gilt auch für die erstmalig bei dem Ereignis GW170814 gemachte Beobachtung der Polarisation der Gravitationswellen, die erst durch die zusätzliche Messung mit Virgo möglich wurde.

– Schließlich konnte durch die bisherigen Beobachtungen auch eine interessante Obergrenze für die Dispersion von Gravitationswellen bestimmt werden.
Dispersion beschreibt in manchen alternativen Theorien der Gravitation die Möglichkeit, dass sich verschiedene Frequenzen von Gravitationswellen mit verschiedenen Geschwindigkeiten ausbreiten. Auch hier gibt es bisher keine Abweichung von der Allgemeinen Relativitätstheorie, wonach die Dispersion im Grunde gleich null ist.

Die Frage, wie sich die beobachteten Binärsysteme schwarzer

Löcher gebildet haben, kann bisher nicht beantwortet werden. Beide bisher angenommenen Wege der Entstehung (Kapitel 1) sind vereinbar mit den Beobachtungen: die Entstehung aus Binärsystemen von Sternen ebenso wie die Entstehung in dichten stellaren Umgebungen durch Wechselwirkung mit anderen Objekten.

Verschmelzende Neutronensterne!

So wie der O1-Datenlauf mit der Detektion von GW150914 begonnen hatte, endete O2 mit einem erneuten Paukenschlag: Am 17. August 2017 wurde von den beiden LIGO-Detektoren und dem Virgo-Detektor erstmals ein Gravitationswellensignal zweier verschmelzender Neutronensterne empfangen: GW170817. Das Signal, das für fast 100 Sekunden im Messbereich der Detektoren feststellbar war, kam aus einer Entfernung von nur 40 Mpc und war mit einem Signal-zu-Rausch-Verhältnis von 32 das bis zu diesem Zeitpunkt am deutlichsten gemessene Gravitationswellensignal. Abbildung 6.3 zeigt den zeitlichen Verlauf der Frequenz des beobachteten Signals.

Aus der Analyse des Signalverlaufs, die im Wesentlichen in einem Abgleich mit möglichen Templates besteht, wurde die Gesamtmasse der Objekte des Binärsystems abgeschätzt; sie betrug 2,74 Sonnenmassen. Für jedes einzelne Objekt kann man allerdings nur sagen, dass sich seine Masse im Bereich von 0,86 bis 2,26 Sonnenmassen befand. Es ist nicht völlig auszuschließen, dass eines der Objekte ein schwarzes Loch war. Aufgrund verschiedener astronomischer Beobachtungen und Modelle gehen die Forscher aber davon aus, dass es sich tatsächlich um zwei Neutronensterne gehandelt hat.

Diese erste Beobachtung des Verschmelzens zweier Neutronensterne durch die Detektion von Gravitationswellen ist allein für sich schon spektakulär genug. Doch mehr sollte folgen: Fast gleichzeitig (nur 1,7 Sekunden nach der Verschmelzung) empfingen die Satelliten *Fermi* und INTEGRAL einen kurzen Gammastrahlenblitz! Nach dem Aussenden eines Alarms an Astronomen wurden knapp elf Stunden später auch optische Teleskope in dem von den Gravitationswellendetektoren identifizierten Himmelsausschnitt (von knapp 30 Quadratgrad) fündig, nämlich in der Galaxie NGC4993. Das SWOPE-Teleskop (in Chile) konnte als Erstes ein neues leuchtendes Objekt in dieser Galaxie nachweisen, das innerhalb der nächsten Stunden auch noch von fünf weiteren Teleskopen gefunden wurde. Anschließende Beobachtungen über mehrere Wochen von bis zu siebzig Observatorien weltweit (im Radio-, Infrarot-, optischen und Röntgenbereich) verfolgten eine zunächst stärker, dann wieder schwächer werdende Leuchtkraft des Objekts, einer sogenannten *Kilonova*. Es gilt nun als gesichert, dass das beobachtete Licht von der Materie ausgesendet wurde, die beim Verschmelzen der Neutronensterne in den sie umgebenden Raum geschleudert worden war. Eine weltweite konzertierte Aktion solchen Ausmaßes, für die andere hochrangige Beobachtungsprogramme unterbrochen wurden, ist wohl einmalig in der Geschichte der Astronomie.

Mit dieser gleichzeitigen Beobachtung eines Ereignisses mittels Gravitationswellendetektoren *und* klassischer Teleskope beginnt nun auch die Multi-Messenger-Astronomie. Der volle wissenschaftliche Reichtum dieser Beobachtungen und weiterer dieser Art, die in der Zukunft zu erwarten sind, wird sich erst nach und nach erweisen. Doch schon bei der Verkündung dieses außerordentlichen Geschehens lassen sich einige Schlüsse ziehen:

– Da der Gammastrahlenblitz fast zeitgleich und aus der gleichen Richtung detektiert wurde wie die Gravitationswellen, gilt dieses Ereignis als ein Beleg dafür, dass kurze Gammastrahlenblitze tatsächlich durch verschmelzende Neutronensterne erzeugt werden können, was bisher nur vermutet worden war. Über den Grund der Verzögerung der Ankunft des Gammastrahlenblitzes von 1,7 Sekunden kann derzeit nur spekuliert werden. Hier sind weitere Beobachtungen nötig, um ein genaueres Verständnis zu gewinnen.

– Durch die fast gleichzeitige Beobachtung des Gravitationswellensignals und des Gammastrahlenblitzes kann jedoch nun eine sehr enge Grenze für die Ausbreitungsgeschwindig-

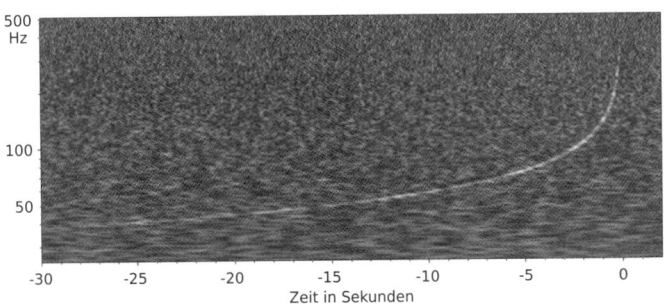

Abbildung 6.3: Die letzten 30 Sekunden im ‹Leben› zweier Neutronensterne. Die helle Spur (kombiniert aus den Daten der beiden LIGO-Detektoren) zeigt das Gravitationswellensignal (die Dehnung der Raumzeit am Ort der Detektoren) der einander umkreisenden Objekte. Die im Verlauf der Zeit (zur rechten Seite) nach oben gebogene Form der Kurve beschreibt das immer schneller werdende Sich-Umkreisen der Neutronensterne, die sich kurz vor der Verschmelzung, zum Zeitpunkt null Sekunden, fast 500-mal pro Sekunde (500 Hz) umeinander bewegen.

keit der Gravitationswellen bestimmt werden: Sie breiten sich, wie von der Allgemeinen Relativitätstheorie vorhergesagt, mit Lichtgeschwindigkeit aus, mit einer möglichen Abweichung von weniger als 10^{-15}. Somit lassen sich einige alternative Theorien der Gravitation ausschließen, die andere Werte für die Ausbreitungsgeschwindigkeit von Gravitationswellen angenommen hatten.

– Bis vor einiger Zeit hatte man Supernovae als die dominanten Brutstätten der schweren chemischen Elemente angenommen, jedoch waren jüngst Zweifel aufgekommen, ob sie ausreichen würden, um das Vorkommen dieser Elemente im Universum vollständig zu erklären. Bei der Verschmelzung der Neutronensterne (GW170817) wurde etwa 0,1 bis 1 % ihrer Materie in den umgebenden Raum geschleudert. Durch spektroskopische Beobachtung dieser Materie konnte nun erstmals belegt werden, dass viele schwere Elemente, wie zum Beispiel Gold, Platin, Blei und Uran, bei einem solchen Ereignis erzeugt werden. Insgesamt entstand dabei das 16 000-fache der Masse der Erde in Form schwerer Elemente. Es wurde allein die hundertfache Masse der Erde in Gold erzeugt!

– Durch die Verschmelzung der beiden Neutronensterne hat
  sich der Theorie zufolge zunächst ein sehr massiver einzelner
  Neutronenstern gebildet. Aufgrund seiner hohen Masse wird
  dieser wahrscheinlich zu einem schwarzen Loch kollabieren,
  doch könnte er auch noch einige Zeit ‹überleben›, denn seine
  schnelle Rotation kann ihn eine Zeitlang vor dem Kollaps be-
  wahren. Neun Tage nach der Verschmelzung wurde vom
  Röntgensatelliten *Chandra* ein Aufleuchten der ausgeschleu-
  derten Materie im Röntgenbereich entdeckt. Das könnte darauf hindeuten, dass der Neutronenstern tatsächlich noch
  einige Tage ‹überlebt› hat, bevor er unter Aussendung hoch-
  energetischer Strahlung zu einem schwarzen Loch kolla-
  bierte.

– Über die Form der Gravitationswellen verschmelzender Binärsysteme kann man auf die Massen der beteiligten Objekte
  schließen und somit auf die Stärke der Gravitationswellen am
  Ort ihrer Quelle. Vergleicht man die in den Detektoren beobachtete Größe des Signals, kann man die Entfernung der
  Quelle abschätzen, da sich die Wellen auf ihrer Reise durchs
  Universum ja proportional zur Entfernung abschwächen. Da
  im Fall der beobachteten Neutronensterne die zugehörige
  Galaxie mit optischen Teleskopen ermittelt werden konnte,
  steht hier (über die Rotverschiebung des beobachteten Lichts)
  auch eine Messung der Fluchtgeschwindigkeit zur Verfügung,
  also derjenigen Geschwindigkeit, mit der sich die Quelle
  scheinbar von der Erde entfernt. Mit diesen beiden Daten ist
  die Messung der Ausdehnungsgeschwindigkeit des Universums in Abhängigkeit von der Entfernung (die sogenannte
  Hubble-Konstante) mit einer neuen Methode möglich. Der
  Wert der auf diese Weise ermittelten Hubble-Konstante
  stimmt dabei mit dem zuvor bekannten, aber auf einem indi-
  rekteren Weg bestimmten Wert überein. Zukünftige Messungen werden hier noch genauere Resultate liefern.

Es ist faszinierend, sich klarzumachen, dass die schweren Elemente, die zur Bildung von Planeten und damit letztlich für die
uns bekannten Lebensformen notwendig sind, wohl zu einem

großen Teil durch verschmelzende Neutronensterne entstanden sind. Ohne die Existenz und die Abstrahlung von Gravitationswellen hätten diese Sterne aber gar nicht verschmelzen können (siehe Kapitel 1 und das Zweikörperproblem)! Neben vielen anderen physikalischen Gesetzen und Eigenschaften sind also auch die Gravitationswellen für die Existenz der Welt, wie wir sie kennen, notwendig!

Neben diesen spektakulären Ergebnissen sei schließlich noch erwähnt, dass Gravitationswellen anderer Form (impulshaft, quasi-kontinuierlich oder als stochastisches Rauschen) bisher (Stand Oktober 2017) noch nicht in den Daten gefunden worden sind. Man darf also weiter gespannt sein!

7. Künftige Entwicklungen

Gravitationswellendetektoren sind experimentelle Aufbauten der Physik, mit denen das Ziel verfolgt wurde, die Existenz von Gravitationswellen nachzuweisen. Diese Arbeit ist, nach fünfzigjährigen Bemühungen in dieser Richtung, vollbracht. Andererseits beginnt nun eine neue Phase der Nutzung und Weiterentwicklung dieser Instrumente als eines neuen Beobachtungswerkzeugs der Astronomie – ein Ziel, das von Beginn an eine noch stärkere Motivation für die Entwicklung dieses Forschungszweiges war. Es ist zu erwarten, dass sich mit den durch Gravitationswellen gewonnenen Erkenntnissen eine Reihe von astrophysikalischen, kosmologischen und fundamental-physikalischen Rätseln lösen lässt, zum Beispiel: Wie ist die Materie von Neutronensternen beschaffen? Wie vollzieht sich eine Supernova-Explosion? Wie entstehen und wie entwickeln sich schwarze Löcher und kompakte Binärsysteme? Was sagt uns die Verteilung und Häufigkeit kompakter Binärsysteme über die Entwicklungsgeschichte des Universums? Wie schnell dehnt sich das Universum aus? Beschreibt Einsteins Allgemeine Relativitätstheorie die Gravitation starker Felder richtig, oder müssen andere Gravitationstheorien in Betracht gezogen werden? Was geschah direkt nach dem Urknall?

Um die Beantwortung dieser und weiterer Fragen zu ermöglichen, die sich im Laufe der gerade erst begonnenen Ära der Gravitationswellenastronomie noch ergeben werden, ist die Verbesserung existierender und die Entwicklung neuer Interferometer auf der Erde notwendig, aber auch die Erweiterung des zugänglichen Frequenzbereichs von Gravitationswellen, beispielsweise durch Detektoren im Weltraum (siehe unten LISA).

Erdgebundene Interferometer

Zunächst ist es das Ziel, in den nächsten Jahren (nach 2017), mit Advanced LIGO, Advanced Virgo sowie KAGRA und später LIGO-India die jeweils angestrebte Empfindlichkeit zu erreichen. Um die erdgebundenen Detektoren dann über ihre geplante astrophysikalische Reichweite hinaus empfindlicher zu machen, sind hauptsächlich die (in Kapitel 3) genannten Faktoren wichtig: längere Arme, ruhigere Spiegel, mehr Licht. Während längere Arme neuen Infrastrukturen vorbehalten sind, kann man ruhigere Spiegel durch die Weiterentwicklung der seismischen Isolationssysteme und Optiken erreichen. Mehr Licht erhält man im Wesentlichen durch stärkere Laser. Dabei besteht allerdings eine Grenze durch thermische Effekte, da ein Teil des Laserlichts bei seinem Weg durch das Interferometer absorbiert wird, was zur lokalen Aufheizung der optischen Komponenten führt. Daher wird es wahrscheinlich notwendig sein, zum Erreichen höherer Lichtleistung im Interferometer andere Spiegel-Materialien und Laser-Wellenlängen zu nutzen. Dies ist ein aktiver Zweig der Forschung, und derzeit zeichnen sich Silizium und eine auf etwa 2 Mikrometer verdoppelte Wellenlänge des Laserlichts als mögliche Wege ab.

Schon in näherer Zukunft müssen jedoch Effekte in den Interferometern berücksichtigt und überwunden werden, die bisher wenig relevant waren. Exemplarisch seien hier genannt: 1. Strahlungsdruckrauschen, 2. Newton-Rauschen, 3. Thermisches Rauschen.

Um die Empfindlichkeit der Detektoren bei höheren Frequenzen zu verbessern, muss man die umlaufende Lichtmenge in den Armen vergrößern. Überschreitet man dabei einen bestimmten Wert, verringert *Strahlungsdruckrauschen* die Empfindlichkeit bei kleinen Frequenzen. Ähnlich wie das zuvor erwähnte Schrotrauschen resultiert es aus der quantenhaften Wechselwirkung des Lichts mit Materie. Jedes Licht-Photon, das an den Testmassen reflektiert wird, überträgt auf sie einen kleinen Impuls. Da sich die Testmassen im Prinzip frei bewegen können, werden sie durch die Impulsübertragung jedes einzelnen Photons zu einer winzigen Bewegung angestoßen. Durch die Vielzahl der Photonen in einem Lichtstrahl entsteht so ein charakteristisches Rauschen der Position der Testmassen: das Strahlungsdruckrauschen. Ein Weg, diesem Problem trotz höherer umlaufender Lichtmenge zu begegnen, besteht darin, die Testmassen schwerer zu machen. Auf diese Weise werden die von den Photonen verursachten Bewegungen kleiner, da die Trägheit der Testmassen das Ausmaß dieser Bewegung bestimmt. Auch hier gibt es jedoch praktische Grenzen, sodass Strahlungsdruckrauschen auch bei schwereren Testmassen eine Gravitationswellenmessung limitieren kann.

Wenn das Strahlungsdruckrauschen im Detektor eine Begrenzung der Empfindlichkeit darstellt, dann wird auch die Anwendung des gequetschten Vakuums schwieriger. Während gequetschtes Vakuum nämlich das Schrotrauschen verringert (siehe Kapitel 4), vergrößert es im Gegenzug das Strahlungsdruckrauschen, ein Effekt, der im Bild der Vakuumfluktuationen erklärbar ist. Um diesen unerwünschten Effekt zu verringern, werden in Zukunft optische Resonatoren benötigt, die das gequetschte Vakuum vor der Anwendung in geeigneter Weise filtern.

Ebenfalls bei kleinen Frequenzen wird in Zukunft das Newton-Rauschen relevant werden, das bislang von anderen, größeren Rauschquellen maskiert wird. Newton-Rauschen bezieht sich auf die Tatsache, dass sich nach Newtons Theorie alle Massen gegenseitig anziehen (Einsteins Theorie fügt dieser Feststellung für den hier betrachteten Zusammenhang nichts Relevantes hinzu). Jede Form von Masse in der Umgebung der Testmassen übt demnach eine kleine anziehende Kraft direkt auf sie aus, sozusagen unter Umgehung ihrer seismischen Isolation. Solange sich diese Kräfte nicht verändern, stören sie den Messprozess nicht. Wenn sich jedoch die Massen in der Umgebung bewegen, ändern sich auch die Kräfte auf die Testmassen, ein Effekt, der nicht von dem einer Gravitationswelle zu unterscheiden ist. Problematisch sind hier vor allem die Bewegungen oder genauer gesagt die Verdichtungen und Verdünnungen des Erdbodens, die durch natürliche und menschengemachte Bodenerschütterungen entstehen. Als Gegenmaßnahme kann man versuchen, die Bodenerschütterungen der Umgebung zu verringern, zum Beispiel durch Gräben oder indem man zukünftige Interferometer unter der Erde errichtet. Ein anderer oder zusätzlicher Weg der Verminderung des Newton-Rauschens wäre die Erfassung der Bodenbewegungen in der Nähe der Testmassen mit einer Vielzahl von Seismometern. Mit diesen Informationen könnte man dann das Newton-Rauschen simulieren und es vom Ausgangssignal des Interferometers subtrahieren.

Eine Maßnahme zur Verminderung von thermischem Rauschen wurde bereits erwähnt: die Kühlung der Testmassen und ihrer Aufhängungen. (Das japanische KAGRA-Projekt leistet hier Pionierarbeit.) Wie im Fall der Zylinderantennen wird die Kühlung die Komplexität der Detektoren weiter erhöhen. Die Kühlung muss zum Beispiel auf eine Weise erfolgen, die die seismische Isolation der Testmassen nicht kompromittiert. Teile der Kühlsysteme müssen somit selbst seismisch isoliert werden. Zudem muss das Kühlsystem so ausgelegt sein, dass es den konstanten Wärmeeintrag auf die Testmassen tolerieren kann, der vom absorbierten Laserlicht herrührt.

Neben der schrittweisen Verbesserung existierender Interferometer und dem Einbau neuer Generationen dieser Instrumente in bestehende Infrastrukturen gibt es auch Pläne und Ideen für ganz neue Anlagen auf der Erde. Für Europa sei hier das in einem frühen Planungsstadium befindliche *Einstein-Teleskop* genannt.

Das Einstein-Teleskop. Für das Einstein-Teleskop (ET) wurde bereits in den Jahren 2007 bis 2011 eine Entwurfsstudie angefertigt, die nach und nach aktualisiert wird. Zur Verminderung des Newton-Rauschens und seismischer Erschütterungen ist geplant, das Einstein-Teleskop unter der Erde in einer Tiefe von mindestens hundert Metern zu bauen. Die Infrastruktur von ET, die für eine Lebensdauer von mindestens fünfzig Jahren geplant wird, besteht aus drei jeweils zehn Kilometer langen Tunnelröhren, die in einem Dreieck angeordnet sind, sowie mehreren Kavernen an den Eckpunkten.

Bei der Konzeption des Einstein-Teleskops zeichnet sich eine neue Entwicklung ab, bei der einzelne Interferometer speziell für einen bestimmten Frequenzbereich von Gravitationswellen optimiert werden. Man muss in Zukunft wohl dieses Prinzip verfolgen, da Techniken zur Steigerung der Empfindlichkeit bei niedrigen und hohen Frequenzen nicht gut zusammenpassen: Um die Empfindlichkeit bei niedrigen Frequenzen zu verbessern, muss man zum Beispiel die Testmassen und ihre Aufhängungen kühlen, während man für die Verbesserung bei hohen Frequenzen mehr Laserlicht im Interferometer braucht. Wird jedoch mehr Licht verwendet, erhöht sich der Wärmeeintrag auf die Testmassen, der wiederum der Kühlung entgegenwirkt. Zudem erhöht sich bei großer Lichtleistung im Interferometer das Strahlungsdruckrauschen, das bei kleinen Frequenzen die Empfindlichkeit ebenfalls beeinträchtigen kann. Für ET sind somit zwei Interferometertypen geplant: einer mit sehr hoher Lichtleistung in den Armen (3 Megawatt) für Frequenzen oberhalb von etwa 30 Hz und einer mit kleinerer Lichtleistung und kryogenen Testmassen, optimiert für den Betrieb bei kleineren Frequenzen. Beide Interferometer-Typen sollen nebeneinander, aber in getrennten Vakuumsystemen installiert werden. Durch die Anordnung der ET-Tunnel in einem Dreieck können diese Detektor-Paare in dreifacher Ausführung zum Einsatz kommen. Damit wäre ET auch sensibel für die beiden verschiedenen Polarisationsrichtungen von Gravitationswellen.

Geschwindigkeitsmessung. Bei den niederfrequenten Gravitationswellendetektoren könnte die weitere Entwicklung auch zur Abkehr vom Prinzip des Michelson-Interferometers führen, denn in einem Michelson-Interferometer wird die *Position* der Testmassen sehr genau vermessen. Gemäß der Heisenberg'schen Unschärfebeziehung kann man aber den Ort (Position) und die Geschwindigkeit (oder den Impuls) eines Objekts nicht gleichzeitig beliebig genau messen. Schon bald werden Gravitationswellendetektoren so empfindlich sein, dass die extrem präzise Positionsmessung der Testmassen zu einer Unbestimmtheit ihrer Geschwindigkeit führt. Durch diese Unbestimmtheit der Geschwindigkeit wird der genaue Ort der Testmasse *bei der* *nächsten Messung des Ortes*, also kurze Zeit später, ebenfalls unbestimmt. Diese Tatsache wirkt sich als störendes Rauschen auf die Position der Testmasse aus. (Der Effekt ist äquivalent zum Strahlungsdruckrauschen.) Obwohl es etwas magisch klingen mag, kann man dieses Problem umgehen, wenn man anstatt der Position direkt die Geschwindigkeit der Testmassen misst. Zwar kann man so eine größere Ungenauigkeit der *Position* der Testmasse bei der nächsten Messung der Geschwindigkeit einführen, jedoch spielt das in diesem Fall keine Rolle, da die Position keine relevante Messgröße mehr ist. Eine solche Geschwindigkeitsmessung könnte beispielsweise mit *Sagnac-Interferometern* oder anderen optischen Konfigurationen in Zukunft realisiert werden.

Suche bei anderen Frequenzen des Spektrums

Wir haben bisher die Geschichte der Vorhersage der Gravitationswellen und der Bemühung um ihre Messung mittels erdgebundener Detektoren, den Resonanzantennen und Interferometern, betrachtet. Diese Interferometer sind derzeit etwa im Bereich von 10 bis 10 000 Hz empfindlich, was man als den hochfrequenten Teil des Gravitationswellenspektrums bezeichnen kann. Es gibt aber noch zwei weitere vielversprechende Technologien zur Messung von Gravitationswellen, die derzeit in der Entwicklungsphase sind: Weltrauminterferometer und Pulsar-Timing.

Beide Technologien zielen auf die Messung von Gravitationswellen in einem niedrigeren Frequenzbereich als die Detektoren auf der Erde. Sie stellen jeweils ein Komplement zu den erdgebundenen Detektoren dar und erweitern das erfassbare Frequenzspektrum, ähnlich wie die Entwicklung der Radioteleskope das erfassbare Frequenzspektrum der optischen bzw. elektromagnetischen Astronomie erweitert haben.

LISA. Bei den Weltrauminterferometern ist das bei Weitem prominenteste Projekt das LISA-Interferometer (Laser Interferometer Space Antenna). Das LISA-Projekt wird von der Europäischen Weltraumbehörde (ESA) getragen sowie vom LISA-

Konsortium, das aus zwölf europäischen Mitgliedsländern und den USA besteht. Der Antrag zum LISA-Projekt (Leitung Karsten Danzmann) wurde von der ESA als sogenannte L3-Mission ausgewählt; LISA soll somit im Jahr 2034 zum Start gebracht werden.

Das Interferometer besteht aus drei baugleichen Satelliten, die der Erde auf ihrem Weg um die Sonne in einem Abstand von etwa fünfzig Millionen Kilometern folgen und sich dabei in einer Dreieckskonfiguration mit einem Abstand von jeweils 2,5 Millionen Kilometern zueinander befinden. Die Satelliten senden sich gegenseitig Laserstrahlen zu, zwischen denen Laufzeitunterschiede gemessen werden, die von Gravitationswellen verursacht werden können. Als Referenzpunkte für die Laserstrahlen dienen dabei freischwebende Testmassen, die sich im Innern der Satelliten befinden, nämlich Würfel mit einer Kantenlänge von 46 Millimetern aus einer unmagnetischen Gold-Platin-Legierung. Jeder Satellit positioniert sich mittels Regelungssystemen automatisch um seine zwei (fast) freischwebenden Testmassen – eine Technologie, die 2016 sehr erfolgreich mit einem Testsatelliten (Lisa Test Package, LTP) erprobt wurde.

Die Weltraum-Technologie bietet zwei Vorteile gegenüber Interferometern auf der Erde: Zum einen kann das Interferometer weniger von Einflüssen aus der Umgebung gestört werden als auf der Erde. Es gibt so gut wie keine seismischen Erschütterungen und nur geringes Newton-Rauschen (verursacht durch thermische Ausdehnung der Satelliten). Zum anderen kann man die Arme des Interferometers, also den Abstand zwischen den Satelliten, aufgrund des fast perfekten Vakuums im Weltraum viel größer dimensionieren als auf der Erde. (Abgesehen davon ist die Erde für derart große Interferometer schlichtweg zu klein!) Auf diese Weise wird entsprechend viel mehr Signal (Phasenverschiebung des Laserlichts durch Gravitationswellen) aufgesammelt als auf den etwa eine Million Mal kürzeren Messstrecken auf der Erde. Aufgrund dieser sehr langen Arme weiten sich die Laserstrahlen auf ihrem Weg von einem Satelliten zum anderen aber auch sehr stark auf. Deshalb kann nur ein kleiner Teil des von einem Satelliten ausgesandten Lichts von den anderen Satelliten empfangen werden, da der Lichtkegel am empfangenden Satelliten viel größer ist als der Satellit selbst. Aus diesem Grund ist die absolute Empfindlichkeit für Längenänderungen viel kleiner als bei Interferometern auf der Erde. Beide Effekte (viel längere Arme, aber weniger Licht) heben sich gegenseitig fast auf, und so ist LISA insgesamt nur etwas weniger empfindlich für Dehnungen der Raumzeit als die erdgebundenen Interferometer. Dafür sind die zu erwartenden Quellen in LISA's empfindlichem Frequenzbereich aber auch deutlich stärker als diejenigen, die sich auf der Erde empfangen lassen, und man kann ihre Signale auch für längere Zeiträume beobachten.

LISA ist empfindlich in dem Bereich von Schwingungsdauern der Gravitationswellen von Minuten bis zu Stunden. Erwartete Quellen für LISA sind Binärsysteme supermassiver schwarzer Löcher, Binärsysteme mit extremen Massenverhältnissen sowie Binärsysteme weißer Zwerge. Zudem werden sich mit LISA Binärsysteme bereits Jahre bis Wochen *vor* ihrer Verschmelzung beobachten lassen.

Da vermutlich die meisten Galaxien ein supermassives schwarzes Loch im Zentrum besitzen, kann es bei der Kollision zweier Galaxien zur Bildung eines Binärsystems der beiden zentralen schwarzen Löcher kommen, die in der Folge einander langsam umkreisen. Aufgrund der großen Masse dieser schwarzen Löcher kann diese Art der Quelle aus dem gesamten Universum detektiert werden.

Binärsysteme mit extremen Massenverhältnissen entstehen dann, wenn ein kompaktes Objekt wie ein Neutronenstern oder ein schwarzes Loch von einem supermassiven schwarzen Loch gleichsam ‹eingefangen› wird und dieses dann umkreist. Gravitationswellen einer solchen Quelle sind besonders stark in dem Augenblick, in dem das kompakte Objekt mit dem viel schwereren schwarzen Loch verschmilzt. Derartige Ereignisse versprechen exzellente Messungen der extremen Raumzeitkrümmung in der Nähe supermassiver schwarzer Löcher.

Weiße Zwerge sind ausgebrannte Sonnen, die nicht genügend Masse besitzen, um zu einem Neutronenstern oder schwarzen Loch verdichtet zu werden. Sie sind im Universum weit verbreitet und bilden viele Binärsysteme, die aus Binärsystemen regulärer Sterne entstanden sind. Die Binärsysteme weißer Zwerge werden von LISA teilweise einzeln nachgewiesen werden können, aber aufgrund ihrer großen Zahl wird auch ein unauflösbares Rauschen aus Gravitationswellensignalen dieser Binärsysteme erwartet: ein Gravitationswellenrauschen.

Pulsar-Timing. Pulsar-Timing ist eine etwas andere Technologie zur Messung von Gravitationswellen als diejenige von LISA und den erdgebundenen Interferometern. Während Letztere Laser zur Messung von Raumzeitänderungen nutzen, werden beim Pulsar-Timing elektromagnetische Signale von Pulsaren verwendet, die auf der Erde mit Radioteleskopen empfangen werden.

Wir haben zuvor bereits rotierende Neutronensterne erwähnt, die als Quellen von quasi-kontinuierlichen Gravitationswellen in Betracht kommen. Beim Pulsar-Timing sind nicht die Gravitationswellen der Neutronensterne von Interesse, sondern die Tatsache, dass Neutronensterne im Takt ihrer Drehung um die eigene Achse elektromagnetische Impulse abgeben. In einigen Fällen können diese Pulse auf der Erde empfangen werden, weshalb man diese Neutronensterne *Pulsare* nennt. Der historisch erste Pulsar wurde 1967 von Jocelyn Bell zufällig in den Daten eines Radioteleskops entdeckt. Aufgrund der großen Regelmäßigkeit der Pulse, deren Taktung genauer sein kann als der Gang einer Atomuhr, hielt man es damals zunächst für möglich, dass die Signale von außerirdischen Zivilisationen stammten. Erst etwas später wurde die Erzeugung der Pulse durch einen rotierenden Neutronenstern die überzeugendere Erklärung.

Heute (2017) sind über 2500 Pulsare bekannt, die sich fast alle in der Milchstraße befinden. Für die Pulsar-Timing-Methode werden davon diejenigen beobachtet, deren Pulse besonders deutlich zu empfangen sind und die sich besonders schnell drehen. Die in einem ununterbrochenen Takt ausgesandten Signale dieser Pulsare durchlaufen den interstellaren Raum der Milchstraße, der von sehr langperiodigen Gravitationswellen erfüllt ist. Diese Gravitationswellen verändern die Laufzeiten der Pulsar-

Signale auf ihrem Weg zur Erde (um einen winzigen Betrag), sodass sie zu etwas anderen Zeiten dort eintreffen, als wenn sie
keine Gravitationswellen durchlaufen hätten. Um eine Gravitationswelle nachzuweisen, muss man die Pulsare über längere
Zeiträume beobachten, sodass sich Muster in der Veränderung
der Ankunftszeiten der Pulse erkennen lassen. Mit einem Vergleich kann man sagen: Während man bei den Interferometern
Laser benutzt, um durch Laufzeitunterschiede des Laserlichts
auf Gravitationswellen zu schließen, benutzt man beim Pulsar-
Timing die Signale von Pulsaren in der Milchstraße zu diesem
Zweck.

Bei den astronomischen Objekten, die Gravitationswellen
erzeugen, die mit dieser Methode messbar sind, handelt es sich
um Binärsysteme supermassiver schwarzer Löcher, die sehr
langsam, mit Periodendauern von Monaten bis zu hundert Jahren, einander umkreisen. Bisher (2017) konnten mit der Pulsar-
Timing-Methode noch keine Gravitationswellen nachgewiesen
werden. In Zukunft sollte das aber gelingen.

Dank

Für zahlreiche Verbesserungsvorschläge und geduldiges Korrekturlesen danke ich sehr herzlich: Stefan Rottmann, Bettina Grote, Stefan Borchers, Walter Winkler, Peter Aufmuth, Katherine Dooley sowie Stefan Bollmann vom Verlag C.H.Beck.

Des weiteren danke ich: AB, EB, HB, UB, WB, KD, AF, GG, HG, GH, JK, HL, JL, ML, SL, FM, GM, WN, DR, DU und BW.

Verzeichnis verwendeter Literatur

M. Abernathy et al., *Einstein gravitational wave Telescope, Conceptual Design Study*, 2011. Verfügbar online: http://www.et-gw.eu/index.php/etdsdocument (zugegriffen am 26.9.2017).

O. D. Aguiar, *The Past, Present and Future of the Resonant-Mass Gravitational Wave Detectors*, Research in Astronomy and Astrophysics, Vol. 11, Nr. 1, 2011.

P. Aufmuth und A. Rüdiger, *Gravitationswellen – Ein neues Fenster zum Universum*, Physik in unserer Zeit, Nr. 1, 2000.

H. Billing, *Alte und neue Methoden zum Nachweis von Gravitationswellen*, Physik in unserer Zeit, Nr. 5, 1977.

J. L. Cervantes-Cota, S. Galindo-Uribarri und G. F. Smoot, *A Brief History of Gravitational Waves*, Universe 2(3), 22, 2016.

H. Collins, *Gravity's Shadow*, The University of Chicago Press, 2004.

H. Collins, *Gravity's Ghost and Big Dog*, The University of Chicago Press, 2013.

H. Collins, *Gravity's Kiss*, The MIT Press, 2017.

K. Danzmann et al., *LISA proposal for L3 mission*, 2017. Verfügbar online: https://www.elisascience.org/files/publications/LISA_L3_20170120.pdf (zugegriffen am 26.9.2017).

P. Ferreira, *Die perfekte Theorie*, C.H.Beck, 2014.

J. Hough et al., *Proposal for a Joint German-British Interferometric Gravitational Wave Detector*, Garching bei München: Max-Planck-Institut für Quantenoptik, 1989, verfügbar online: http://eprints.gla.ac.uk/114852/7/114852.pdf (zugegriffen am 24. April 2017).

L. Ju, D. G. Blair and C. Zhao, *Detection of Gravitational Waves*, Rep. Prog. Phys. 63 (p. 1317–1427), 2000.

D. Kennefick, *Traveling at the speed of thought*, Princeton University Press, 2007.

Peter R. Saulson, *Interferometric Gravitational Wave Detectors*, International Journal of Modern Physics D, World Scientific Publishing, 2017.

W. Winkler, *Ein Laser-Interferometer als Gravitationswellendetektor*, Physik in unserer Zeit, Nr. 5, 1985.

Bildnachweis

Abb. 2.1: Special Collections and University Archives, University of Maryland Libraries

Abb. 3.6: © Max-Planck-Gesellschaft, Foto: Peter Blachian

Abb. 4.1: Courtesy Caltech/MIT/LIGO Laboratory

Abb. 4.2: VIRGO Collaboration – author: Maurizio Perciballi

Alle übrigen Abbildungen stammen vom Autor.

Personen- und Sachregister

C.H.BECK ◼ WISSEN

Zuletzt erschienen: